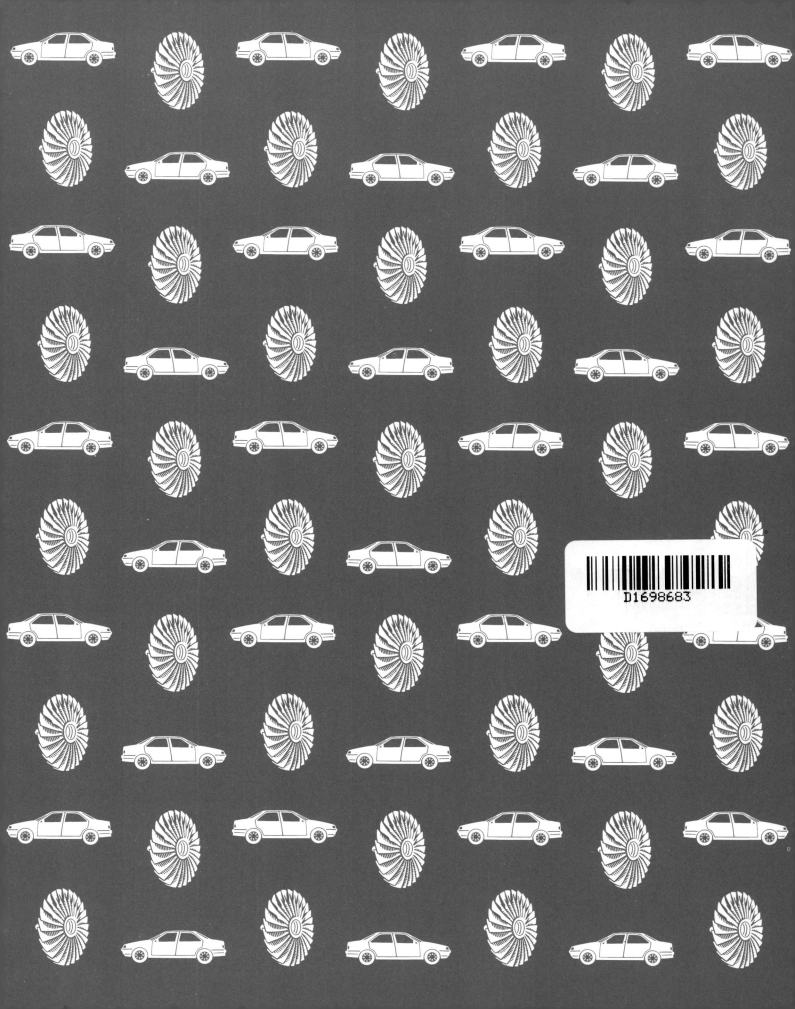

VISUAL CIÊNCIA

TECNOLOGIA

Cadeira de plástico reforçada com vidro (anos 60)

Aparelho para testar a dureza dos metais

Aspirador de acção ciclónica (1993)

Máquina de cozinha multiusos (1992)

Bicicleta monocoque (1992)

Gira-discos (anos 20)

Anel de alumínio numa tampa de lata

VISUAL CIÊNCIA

Alumínio

TECNOLOGIA

Texto de
ROGER BRIDGMAN

Telefone móvel (1993)

Bomba de água de brincar feita de materiais reciclados

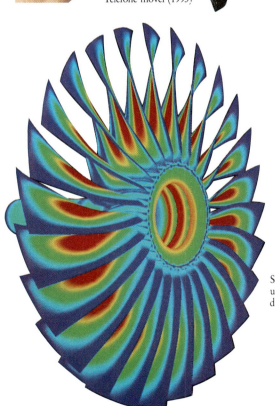
Simulação de computador de um ventilador de avião na descolagem

Teodolito (século XVIII)

Editorial VERBO

Vaso feito de rolos

Candeeiro a petróleo

DK
OBRA CONCEBIDA POR DORLING KINDERSLEY

☞ **NOTA AOS PAIS E EDUCADORES**
A Enciclopédia Visual da Ciência leva os jovens leitores a observarem e a questionarem o mundo que os rodeia. Ajuda também os familiares a responderem às suas questões sobre o modo como as coisas funcionam e a sua razão de ser. Desde as ocorrências normais do dia-a-dia aos mistérios do espaço, estes livros explicam e despertam a curiosidade de saber mais.

Na escola estes livros constituem um valioso auxiliar. Os professores encontrarão neles um instrumento de consulta particularmente útil para tópicos de trabalho em muitas matérias e podem utilizar as experiências e demonstrações neles contidas como guia para as actividades e projectos escolares. Os volumes da **Enciclopédia Visual da Ciência** são também excelentes livros de referência, proporcionando abundantes informações ☞ sobre áreas abrangidas pelos programas curriculares.

Concepção Editorial Charyn Jones, Josephine Buchanan
Concepção Gráfica Emma Boys, Lynne Brown
Pesquisa Iconográfica Deborah Pownall
Fotografia Especial Clive Streeter
Consultor Editorial Eryl Davies
Tradução Eng.ª Maria Helena Moita dos Santos

Título do original inglês: *Technology*
©1995 Dorling Kindersley Limited, Londres
Direitos reservados
para a Língua Portuguesa, excepto Brasil
Editorial Verbo, Lisboa

Composição: Fotocompográfica, Almada, Portugal
Impresso em Singapura
N.º de edição: 2303
Dep. legal: 91 891/95

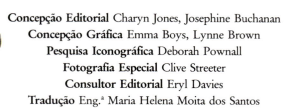
Micrómetro

Válvula miniatura (1950)

Micrófago de electrões de sementes de orquídea

Fundindo metal numa fundição

Peso numa trave

Teste de um motor a jacto

Sumário

Soldagem por gás inerte de tungsténio (TIG)

6
O que é a tecnologia?
8
Transformação de materiais
10
Corte de materiais
12
Os metais
14
Utilização dos metais
16
Moldação dos metais
18
Junção de peças
20
Tracção e compressão
22
Construção de estruturas
24
Madeira
26
Plásticos
28
Materiais compostos
30
Medidas
32
Mecanismos engenhosos
34
A fábrica
36
Motores térmicos
38
Produção em série

40
Artigos domésticos
42
Tecnologia automóvel
44
Agricultura
46
Cheiro e paladar
48
Comunicação pessoal
50
Utilização da cor
52
Concepção e projecto
54
Electrónica e informática
56
A tecnologia na medicina
58
Utilidades
60
Tecnologia e natureza
62
Um olhar para o futuro
64
Indíce

O que é a tecnologia?

A TECNOLOGIA É A CIÊNCIA E A ARTE de fazer e utilizar as coisas. Os seres humanos são os únicos seres vivos capazes de transformar os materiais existentes na Natureza em utensílios, máquinas e sistemas que os ajudam a viver. Apesar de existirem outros animais que produzem utensílios, o modo como o fazem não evolui. A tecnologia humana é diferente: o Homem consegue vislumbrar novas necessidades, descobrir novos caminhos para as conhecer e reconhecer o valor de descobertas acidentais. A descoberta do fogo, por exemplo, e a possibilidade de transformar a argila em cerâmica, ou rochas em metais, viabilizaram o mundo moderno. Nos últimos cem anos, os cientistas descobriram a explicação para o comportamento dos materiais e das máquinas, tornando possível aperfeiçoar os materiais antigos e inventar outros, tão variados como o fato de banho e o avião. A manufacturação dos objectos inicia-se com o projecto — estudo e planeamento dos materiais e serviços necessários para fabricar o artigo em questão. Actualmente os projectistas (págs. 52-53) possuem uma vasta gama de materiais, métodos e componentes, que lhes permitem concretizar as suas ideias. Grande parte do seu trabalho pode ser realizado por computadores. No entanto, produzir algo que funcione bem, tenha custos pequenos e agrade aos seus utilizadores, é uma verdadeira arte.

RODA DE LEITURA
A ânsia de inventar é muito forte. Este dispositivo do séc. XIX foi uma tentativa de oferecer aos eruditos da era pré-electrónica uma série de utilidades que actualmente obtemos de um computador (pág. 55). Fazendo girar a roda, tem-se acesso a uma vasta gama de obras literárias. Todavia, como acontece com tantos outros inventores, o criador desconhecido desta roda de leitura não teve em conta o custo e a viabilidade.

XADUF CHINÊS
O Homem não pode viver sem água para si, para as suas culturas e animais (págs. 44-45). Engenhosos métodos para retirar e distribuir a água (pág. 22) permitem a existência de vida em lugares que de modo contrário seriam desertos. Esta espécie de guindaste rudimentar, o *xaduf*, foi usado na Ásia durante milhares de anos. Colocando um peso na extremidade de uma vara, o balde capta a água do rio e leva-a pelos canais de irrigação às culturas.

VOANDO A VAPOR
Esta máquina voadora a vapor do séc. XIX revela o desconhecimento do impulso necessário para manter um homem no ar, pois deixa o pesado engenho apenas amarrado ao seu tórax. E ainda que o suposto aviador tenha conseguido levantar voo, não existe um meio de guiar o dispositivo.

Armas lançadas por debaixo da asa

UM VOO ATRAVÉS DO CANAL
Não está nas mãos do artista resolver o problema do voo. Para que os aviões levantem voo é necessário ciência e matemática. Em 1909 Louis Blériot (1872-1936), um rico industrial francês, construiu esta frágil estrutura de madeira, arame e lona, *Blériot XI*, e voou de França até Inglaterra. Ele ganhou um prémio de £1000 pela primeira travessia aérea em aparelho munido de motor.

Hélice de madeira laminada
Motor de três cilindros
Cobertura de algodão
O piloto senta-se aqui
A fuselagem é feita de freixo
Cabos que controlam a orientação da asa
Asa feita de algodão esticado sobre uma armação de madeira de abeto vermelho e freixo
Suporte diagonal de corda de piano
Pneus de borracha
O leme ajuda a controlar a direcção

COMO UMA SEGUNDA PELE
O vestuário feito com os plásticos actuais ajudou a melhorar as actuações desportivas. Este fato de banho é fabricado com *nylon* e licra, plástico dotado de elasticidade. A resistência do *nylon* resulta em que o tecido pode ser fino, enquanto a licra o ajusta ao corpo, quase sem uma prega, como uma segunda pele.

CURTUME DE PELE
Curtir a pele dos animais para fabricar couro é talvez o processo industrial mais antigo. O método tradicional, que se pratica ainda em alguns países, como neste curtume em Marrocos, utiliza extractos naturais como a casca das árvores, ricas num produto químico chamado tanino. Este processo de curtir a pele pode levar várias semanas. Os processos modernos recorrem a compostos de crómio e levam apenas um dia ou dois. Em ambos os métodos, a camada de pele que fica debaixo do couro é convertida num material fibroso e flexível, resistente a efeitos abrasivos. A pele é tratada com óxido de cálcio (cal) para remover o pêlo. Após a conservação com sal ou ácido (conservação em salmoura), a pele é tratada com a solução de curtimento para fabricar couro.

Cauda do avião produzida com componentes de fibra de carbono

Identificação

Aileron, leme que controla a inclinação lateral

Tubeira de escape orientável

Turbofan

Carlinga em plástico acrílico

Entrada de ar

O piloto senta-se num banco ejector

AVIÃO MILITAR
Os materiais modernos, a perícia e as ideias têm contribuído, em conjunto, para as formas suaves dos aviões. Tal como os seus antecessores com cobertura de lona, eles voam impelindo as asas através do ar. A forma de cada asa provoca uma queda na pressão do ar impelido na sua zona superior, e o ar que passa por baixo do avião empurra a asa para cima, vencendo a gravidade. Mas o *Bristish Aerospace Harrier*, que voou pela primeira vez em 1966, apresenta ainda outra forma de voo. Os seus motores a jacto (pág. 36) podem dirigir a propulsão para baixo, impelindo o avião na vertical a partir de um navio ou de um pequeno campo, antes de acelerar até velocidades da ordem dos 1180 km/h.

AUMENTANDO CAMPOS DE SORGO
A ciência e a tecnologia trabalham em conjunto na tentativa de resolver problemas urgentes, alguns deles provocados pela própria tecnologia. Esta fotografia utiliza radiação infravermelha (pág. 59) para revelar a reacção de um cereal, o sorgo, à irrigação. O objectivo é o de aumentar a extensão desta cultura que, fermentada, produz biocombustíveis como o álcool. Este combustível poderá vir a substituir, um dia, as reservas de petróleo.

Transformação de materiais

ARTE GREGA
O fundo desta antiga taça grega foi decorado removendo a zona que está a negro, para revelar a argila vermelha subjacente. Nesta pintura, o artífice trabalha a pele, transformando-a em sandálias resistentes.

Há muitos milhares de anos o homem começou a encontrar meios para transformar os materiais existentes na Natureza em formas de maior utilidade, que lhe permitissem sobreviver num mundo hostil. A argila encontrava-se por todo o lado e era fácil de moldar, mas era frágil. Transformada pelo fogo, tornou-se resistente e impermeável, permitindo fabricar vários objectos, como tijelas para cozinhar alimentos ou vasos. Também a areia comum pode ser transformada por aquecimento, em conjunto com outras substâncias, num material liso e transparente chamado vidro. Outras rochas produzem metais resistentes e duros, quando aquecidas com os materiais certos. Todos estes processos requerem energia, geralmente sob a forma de calor. Quase todos são ainda utilizados actualmente embora em larga escala e dispendendo maiores quantidades de energia.

VASO EM ESPIRAL
Os vasos são feitos de argila branca ou vermelha. A argila é lavada para eliminar os grãos e depois é seca até ficar maleável, sem no entanto ficar húmida. Se existirem bolhas de ar no interior da argila, estas expandir-se-ão quando os vasos forem cozidos, acabando por quebrar. Por essa razão a argila tem de ser batida ou comprimida para libertar o ar, ficando então pronta para ser trabalhada pelo oleiro.

Os rolos são dispostos uns em cima dos outros

As mãos do oleiro alisam a superfície

1 DAR FORMA
Os vasos redondos são os mais resistentes. Um dos modos de o conseguir é proceder ao seu fabrico em espiral. A argila é preparada de modo a se obter um longo rolo. Este é em seguida humedecido com argila líquida, uma mistura cremosa de argila e água.

2 ALISAR A SUPERFÍCIE
As bossas criadas pelas espirais de argila são alisadas com as mãos ou uma ferramenta especial. Depois de seco, o vaso é cozido por aquecimento a temperatura elevada num forno especial chamado estufa.

Aplica-se o vidrado ao barro

São produzidos efeitos interessantes variando os componentes do vidrado

3 DAR BRILHO
Após 8-10 horas de cozimento, a argila transformou-se num material resistente e poroso conhecido por «biscoito» (porcelana cozida, mas não vidrada). Para tornar o vaso útil, a superfície deve ser vidrada, com uma camada de vidro. O vidrado contém os componentes do vidro em suspensão na água, bem como produtos químicos que lhe conferem cor.

4 O PRODUTO FINAL
O vaso é cozido novamente e o vidrado transforma-se em vidro fundido, o qual cobre a superfície produzindo belos efeitos.

O cobalto do vidrado confere ao vaso a cor azul

OVO CRU
Muitos produtos naturais são constituídos, na sua maior parte, por proteínas. Os ovos têm sido usados desde os tempos pré-históricos — e não exclusivamente na comida. Por terem moléculas de grandes dimensões, as soluções proteicas como a clara do ovo são viscosas, podendo ser usadas como colas ou aglutinantes para tintas.

Clara do ovo viscosa

OVO COZIDO
Após aquecimento em água a ferver, as proteínas da clara do ovo deixam de formar uma solução translúcida. A sua estrutura química foi destruída, tornando o ovo mais fácil de digerir.

A clara do ovo deixou de ser translúcida

TECNOLOGIA DA CULINÁRIA
A comida, assim como tudo o que existe, é constituída por partículas chamadas átomos, que se encontram agrupados em moléculas. Quando se cozinham os alimentos, há quebra de ligações e as moléculas de maiores dimensões dão origem a outras mais pequenas, que são mais fáceis de digerir, e têm novos sabores e texturas. A mistura que se encontra nesta máquina é uma massa gordurosa que será transformada em deliciosos biscoitos pela química da culinária.

Garrafas de vidro

O vidro fabrica-se há cerca de 6000 anos. É obtido aquecendo areia com soda (carbonato de sódio) e cal. Os vidros modernos contêm outros componentes para melhorar a cor e conferir propriedades especiais como a resistência ao calor. Embora pareça sólido, o vidro é na realidade um líquido que se move lentamente. Se o vidro for aquecido ao rubro flui mais rapidamente e pode adquirir formas complexas por sopragem, por moldagem ou por uma combinação destes dois métodos. O vidro é resistente à corrosão, o que o torna de grande utilidade em garrafas ou jarros. Infelizmente também é quebradiço, pelo que as garrafas de vidro têm de ser espessas. Nos casos em que a transparência e a resistência são essenciais, como no caso do vidro das janelas ou das objectivas fotográficas, o vidro é insubstituível.

Cal

Areia

Soda (carbonato de sódio)

OS COMPONENTES ESSENCIAIS
O vidro é resultado da fusão de areia, soda e cal. Estes ingredientes combinam-se para produzir um material resistente à água.

Haste para segurar o vidro

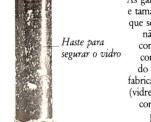

GARRAFA MODELO
As garrafas podem ter várias formas e tamanhos, de acordo com o fim a que se destinam. Os consumidores não escolhem garrafas que não combinem com o produto que contêm. Para terem uma ideia do aspecto de uma garrafa, os fabricantes de objectos de vidro (vidreiros) recorrem a modelos, como esta garrafa de plástico para molho de tomate, ou concebem novos modelos através de computador (pág. 55).

Os materiais que entram no fabrico do vidro são aquecidos num forno

DE TANQUE A GARRAFA
A maior parte das garrafas resultam da sopragem do vidro fundido em enormes máquinas automáticas, durante alguns segundos. O vidro é vazado para um molde invertido e forçado para cima por ar comprimido. Após a sopragem, as garrafas são arrefecidas lentamente para evitar uma contracção irregular que exerceria pressão sobre o vidro.

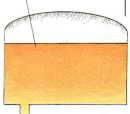

O vidro quente é vertido para o molde

A massa vitrificável está pronta a moldar

A massa de vidro é colocada numa superfície plana para ser moldada

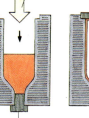

Rolha | *O ar empurra o vidro contra o molde*

MOLDAÇÃO DE UMA GARRAFA
As garrafas são moldadas pelo ar. Para fazer uma garrafa à mão, fecha-se um molde de metal em torno de uma bolha de vidro fundido. Quando esta é soprada, a pressão do ar força o vidro contra o molde fazendo-o adquirir a forma desejada. Actualmente a maior parte das garrafas é fabricada recorrendo a máquinas automáticas, mas o princípio permanece o mesmo.

1955-540 g   1965-456 g   1975-340 g   1985-242 g

MODELOS DE GARRAFAS
Estas quatro garrafas de leite têm a mesma capacidade, embora o peso da mais antiga seja o dobro da mais recente. O menor peso das garrafas actuais reduz os custos de transporte para os fornecedores e consumidores.

MACHADO DA IDADE DA PEDRA
Antes da descoberta dos metais, o Homem trabalhava com os materiais que encontrava à sua volta. Para cortar e moldar usava uma rocha dura chamada sílex. Esta rocha forma facilmente lascas, produzindo uma extremidade aguçada.

Corte de materiais

A TECNOLOGIA PERMITE dar um arranjo diferente ao mundo de acordo com as nossas necessidades. Uma forma de o conseguir consiste em separar coisas que se encontram ligadas, como uma árvore dos seus ramos, ou um animal da sua pele. Isto é geralmente conseguido por corte, no qual se aplica uma forte pressão local para vencer as forças que mantêm os materiais unidos. Dada uma determinada força, a pressão aumenta à medida que a área onde ela actua se reduz. A ponta de uma faca tem uma área muito pequena, permitindo-lhe deslizar facilmente por materiais que não poderiam ser cortados por outra via. A lâmina de uma faca deve ser constituída por um material resistente, uma vez que experimenta sempre pressão qualquer que seja o material a cortar. Algumas espécies de rocha, como o sílex e a obsidiana (vidro natural), são suficientemente fortes para cortar materiais naturais. O machado de sílex de há 20 000 anos (à esquerda) foi retirado de uma grande peça de sílex com o auxílio de outra rocha para produzir a lâmina final. Ferramentas de sílex como esta foram usadas durante milhares de anos. Mas os metais dão melhores ferramentas, uma vez que são mais duros (resistentes à fractura) e fortes (págs. 12-13). As facas e os machados não são os únicos objectos que talham e moldam. Outros, como as tesouras e as serras, cortam os materiais de diferentes modos, forçando duas partes de uma peça a mover-se em direcções opostas.

MÁQUINA DE SERRAR
Uma serra parte as fibras resistentes da madeira e, depois, esmaga o material solto para ir mais ao fundo. Serrar é um trabalho lento e árduo; esta engenhosa máquina de cortar árvores, do séc. XIX recorre à força exercida pelas pernas do utilizador para acelerar o processo.

MÁQUINA DE CORTAR
O torno mecânico é uma das ferramentas básicas de engenharia. Ele «gira» os componentes numa secção transversal circular, fazendo-os rodar de encontro a um cortador fixo. Este torno mecânico desbasta um componente de latão até um tamanho específico. Ferramentas como esta, de grandes dimensões e fixas, denominam-se ferramentas mecânicas. Elas dão maior precisão e rendimento do que as ferramentas manuais. Os modernos tornos mecânicos automáticos deslocam milhares de componentes (pág. 55) por hora, sob o controle de computadores.

Tubo para o fluido de arrefecimento
Cabeçote fixo torna o trabalho constante (estacionário)
A rosca segura a peça que se está a trabalhar
Latão a ser torneado
Ferramenta cortante

MÁQUINA VERSUS MÚSCULO
O corte e moldação de materiais têm variado ao longo dos tempos. A potência para o corte e derrube de árvores é fornecida por um motor montado numa serra de cadeia, e não pelos músculos humanos. A extremidade cortante da serra é feita de uma liga de aço especial (pág. 14) que mantém a sua extremidade afiada enquanto o trabalho de cortar a faz aquecer. Antes da existência desta máquina, eram necessárias muitas pessoas durante várias horas para cortar e derrubar uma árvore. Actualmente consegue-se fazê-lo em alguns minutos.

TRABALHAR O ESTANHO

Apesar da sua resistência, os metais são fáceis de trabalhar manualmente. Ao contrário da madeira, não têm grãos, e como tal cortam-se sem provocar sujidade. Também adquirem forma quando dobrados. O aço fino é fácil de trabalhar; a sua grande desvantagem, a ferrugem, pode ser ultrapassada, cobrindo o aço com uma camada de estanho para produzir folha-de-flandres. Normalmente utilizada em latas, a folha-de-flandres é também usada no fabrico de utensílios domésticos simples. As peças para a concha de água (pág. 12) são cortadas com uma ferramenta de estanho semelhante a uma tesoura que exerce mais força mecânica. Algumas pancadas suaves de martelo alisam a superfície.

Fundo

Pega

Folha para a peça básica da concha

MOLDES RECORTADOS

Os metais possuem a propriedade útil de se distorcerem sob grande pressão, sem no entanto perderem a sua resistência. Este fundidor de estanho está a dobrar a folha-de-flandres com um alicate para a transformar num cortador de biscoitos. O metal fica mais forte quando é dobrado — um efeito conhecido por «trabalho de endurecimento» — resistindo melhor ao desgaste. Este processo era executado no antigo ofício de fundidor de estanho. Hoje satisfaz aqueles que preferem os produtos feitos à mão.

Cortador de biscoitos

Os alicates são usados para moldar o estanho

ARTESANATO MARROQUINO

Este artesão marroquino está a fazer peças de madeira. A madeira encontra-se entre dois eixos e é rodada com um pé, ficando as mãos livres para manipular a ferramenta cortante. Durante milhares de anos usaram-se tornos que operavam através de um pedal de tracção numa corda enrolada em torno da madeira. Os actuais tornos mecânicos são instrumentos de precisão. Eles agarram firmemente a peça em que se está a trabalhar numa placa rotativa. A ferramenta cortante encontra-se montada rigidamente num suporte de correr, em guias, para dar uma precisão constante. Todavia, este simples torno produz formas de uma irregular beleza.

O tubo de ligação permite orientar o fluido de refrigeração para os locais onde é necessário

Suporte de ferramenta

Parafuso para segurar o suporte de ferramenta

Plano inclinado que permite o movimento do suporte de ferramenta

Chapa exterior *Chapa interior*

As nervuras conferem rigidez

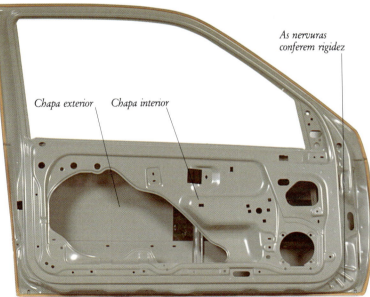

A FORMA DOS AUTOMÓVEIS

Na produção de automóveis (págs. 42-43) é necessário repetir a mesma forma várias vezes. As ferramentas formam componentes com apenas alguns batimentos. As chapas de alumínio são comprimidas até à forma pretendida, entre moldes de aço esculpido. Se forem necessárias aberturas, como as janelas, podem ser cortadas com um furador, que se ajusta à forma do buraco do molde. O furador vinca o metal cortando-o nas extremidades. Os furadores de papel seguem o mesmo princípio.

Os metais

SEM OS METAIS o mundo actual não teria evoluído da mesma maneira. Os metais oferecem uma incomparável combinação de resistência, dureza e força, sendo ao mesmo tempo fáceis de cortar e moldar de muitas formas diferentes. O uso dos metais revolucionou a caça e a agricultura (págs. 44-45). Os metais desempenharam um papel fundamental no desenvolvimento dos meios de transporte, que começou com os caminhos de ferro e com os navios. A tecnologia aeroespacial utiliza materiais leves, como o titânio, para assegurar uma grande resistência a elevadas temperaturas. Sem as propriedades eléctricas dos metais, a potência eléctrica, as comunicações electrónicas e os computadores não teriam surgido. Até mesmo as lâmpadas eléctricas se baseiam na tecnologia dos metais: o filamento de tungsténio fornece mil horas de luz branca incandescente sem se partir.

Lança saxónica (400-500 d. C.)

OS METAIS E A HISTÓRIA
O cobre natural — pequenas peças de metal puro incrustado nas rochas — foi provavelmente o primeiro metal a ser usado, há cerca de 8000 anos. Os metais preciosos, como o ouro desta mina japonesa, eram considerados autênticos tesouros, devido à sua beleza mágica.

LANÇAMENTO MORTAL
Os antigos ferreiros martelavam o ferro dando-lhe uma determinada forma. A proporção de impurezas era exacta, produzindo uma extremidade cortante, dura (pág. 15) e não quebradiça.

Zinco

Ferro

Alumínio

METAIS PRECIOSOS
Só quando foi descoberta a arte de fundir os metais com o fogo, há cerca de 6000 anos, se tornou possível extrair metais de minérios (rochas ricas em metais) em quantidades lucrativas. O ferro é o metal mais largamente usado, geralmente na forma de aço. O alumínio é o mais abundante, mas necessita de uma grande quantidade de electricidade para o extrair do seu minério. O cobre foi o primeiro metal a ser descoberto e usado. O zinco forma valiosas ligas (pág. 14). O chumbo é macio e dúctil e não se corrói, enquanto o estanho é muitas vezes utilizado como uma fina cobertura do aço (pág. 11) no fabrico de latas.

Chumbo

Concha de água revestida a estanho

Cobre

PONTO DE RUPTURA
Apesar deste clipe ser feito com um arame fino, é impossível parti-lo com a mão através de um puxão. Mas, ao dobrá-lo produz-se uma tensão que conduz o metal para lá da zona de elasticidade, regressando depois à zona plástica, onde adquire uma deformação permanente.

O clipe é dobrado, perdendo a sua forma original

O clipe torna-se quebradiço e parte-se

1 O CLIPE DOBRA
Se o aço for dobrado lentamente, os átomos do metal podem voltar ao lugar. No entanto, quando se aplica uma força superior, os átomos do metal começam a deslizar uns sobre os outros, não podendo regressar às suas posições originais, o que causa uma mudança permanente na forma do metal.

2 O CLIPE QUEBRA
A existência de defeitos na disposição dos átomos de um metal, chamadas deslocações (pág. 15), permite aos átomos moverem-se e absorverem a energia que a dobragem confere ao metal. Sem deslocações o metal não se poderia deformar sem quebrar. Mudanças contínuas de forma complicam de tal modo as deslocações, que estas acabam por não se poder mover. O metal torna-se mais difícil de dobrar e quebra.

Espada de um samurai do séc. XVII

ESPADA DE UM SAMURAI
Os guerreiros aristocratas japoneses, conhecidos por samurais, possuíam as melhores armas. Eram feitas de aços duros e quebradiços, contendo uma grande quantidade de carbono, soldados a um núcleo de ferro macio com uma pequena percentagem de carbono. Em combate, estas permaneciam afiadas e não quebravam.

Um metal perfeito teria os seus átomos distribuídos em filas, como um único cristal

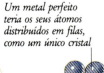

A RESISTÊNCIA DOS METAIS
Os metais são constituídos por um conjunto desordenado de pequenos cristais. Estes cristais contêm usualmente impurezas e falhas no arranjo dos seus átomos. Muitas vezes são adicionadas impurezas aos metais para formarem ligas (pág. 14).

TESTE DE RESISTÊNCIA
As peças de teste constituídas por uma forma padrão podem ser usadas para avaliar a resistência de diferentes metais.

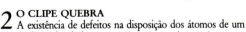

A força da máquina provoca a fractura da peça

Placa de ferro impuro

O ferro é martelado para remover as impurezas

FERRO FORJADO
O ferro vindo directamente do alto-forno — conhecido por ferro fundido — contém uma grande quantidade de carbono e outras impurezas, que o tornam quebradiço. Antes de se terem desenvolvido os processos industriais para formação de aço resistente, reduzindo a quantidade de carbono, o ferro fundido era convertido em ferro forjado. O processo de fundição envolvia materiais adicionais como o óxido de ferro, para fundir o ferro, que era agitado com uma longa pá, e depois martelado para eliminar as impurezas. O ferreiro pode aperfeiçoar o ferro forjado, martelando-o de forma a que as partículas se movimentem na direcção certa, para resistirem à tensão que encontrarão quando o ferro for utilizado.

A luz polarizada fornece uma imagem em cores falsas

FERRO FUNDIDO VISTO AO MICROSCÓPIO
O ferro fundido apresenta uma grande durabilidade, mas o seu elevado teor de carbono torna-o quebradiço. A sua superfície polida e corrosiva encontra-se aqui ampliada 60 vezes.

O manómetro indica a pressão aplicada

A extremidade do martelo contém um molde que vai embelezar o topo da peça metálica

O metal encontra-se num molde concâvo que moldará a sua face inferior

Uma escala mede a extensão da amolgadela feita pela máquina de teste

A esfera é comprimida contra a superfície do aço comum

ENSAIO DE BRINELL
Alguns metais são mais duros e resistentes que outros. A dureza pode ser definida como a resistência de uma metal à deformação. O chumbo, por exemplo, é tão macio que pode ser marcado com a pressão de uma unha, enquanto alguns aços especiais são tão duros que cortam o aço comum como manteiga. Esta máquina, baseada num invento de 1900, do metalúrgico sueco Johann August Brinell (1849-1925), mede a dureza com precisão.

MEDIÇÃO DA AMOLGADELA
A extensão de uma amolgadela efectuada por uma máquina de teste é medida num manómetro e convertida a um número de dureza de Brinell. Por exemplo, no caso do aço comum esse número é 130, enquanto o alumínio usado para fazer uma frigideira tem uma dureza de 27. Mais recentemente, a dureza foi medida utilizando outros padrões como o teste americano de Rockwell, embora o princípio básico permaneça o mesmo.

MARTELO MECÂNICO
Forjar com martelo mecânico é um bom método de moldar peças metálicas, como o veio de manivelas de um motor de automóvel, que estão sujeitos a grandes pressões. Este enorme martelo mecânico actua como um ferreiro gigante. Após algumas sopragens, o metal adquire aproximadamente a forma pretendida e pode ser deslocado para uma parte específica do molde, para mais tarde ser forjado. Finalmente, o metal, agora arrefecido, é retido entre um par de moldes que o comprimem até à forma definitiva.

Gás residual usado como combustível

São introduzidos no forno minério de ferro e cal

FUNDIÇÃO
Os minérios consistem em elementos não metálicos como o oxigénio ou enxofre, combinados com o metal pretendido. Uma forma de eliminar os elementos indesejados é aquecer o minério juntamente com outra substância, com a qual ele forma ligações mais fortes. O ferro, por exemplo, é separado do oxigénio existente no seu minério, aquecendo-o na presença de monóxido de carbono derivado do coque (carvão de gás, uma forma de carbono obtida a partir de carvão). Adiciona-se cal para manter as impurezas líquidas de modo a se poder separar o ferro.

Parafuso para a posição de teste

O coque dá origem, por combustão, a monóxido de carbono que liberta o ferro do minério

Entrada de ar

As impurezas, ou escória, ascendem até à superfície do ferro

O ferro ao rubro é vazado para futura purificação

Utilização dos metais

UTILIZAMOS DIARIAMENTE cerca de 30 metais. Alguns são pouco dispendiosos e largamente utilizados; outros são dispendiosos, mas muito requisitados devido às suas propriedades especiais: a prata, por exemplo, é um componente fundamental na joalharia e nos filmes fotográficos. O titânio é usado nos aviões por ser leve e resistente, mas também é utilizado no fabrico de tinta branca (págs. 50-51). O alumínio, quase desconhecido há 100 anos, é agora o invólucro mais comum da maioria das bebidas enlatadas. Muitos metais apresentam melhores propriedades como, por exemplo, uma maior resistência ou maior facilidade na fundição (pág. 16), quando se encontram misturados com outros materiais em ligas. A liga mais importante é o aço, uma forma de ferro que contém um pequeno teor de carbono e alguns metais adicionais. O crómio, por exemplo, evita a corrosão do aço, enquanto o magnésio lhe confere dureza. Uma proporção mais elevada de carbono origina ferro fundido (págs. 12-13).

Busto de bronze romano

Estanho
Cobre
Lâmina de bronze ampliada

A LIGA MAIS ANTIGA
O bronze foi provavelmente a primeira liga de uso regular, uma vez que os seus componentes, cobre e estanho, ocorrem geralmente ao mesmo tempo. A sua bela cor e resistência à corrosão torna-o de grande aplicação na escultura.

CRUZ VITORIANA
Uma das mais altas condecorações que um soldado britânico pode receber é a *Victoria Cross*, feita de bronze de canhão, uma espécie de bronze antigamente usado para construir canhões. A medalha foi instituída pela rainha Vitória em 1856. É suspensa numa fita de carmesim. Foi originalmente feita do bronze dos canhões russos capturados pelos ingleses na batalha de Sebastopol (1854-1855).

Lata de alumínio

A lata de alumínio é uma peça de tecnologia notável. Embora seja constituída por um metal relativamente caro, a sua utilização não é muito dispendiosa, uma vez que uma pequena quantidade de metal pode conter uma grande quantidade de bebida — uma lata actual contém menos 30% de metal do que uma feita há 20 anos. Os consumidores preferem latas de alumínio devido à sua leveza; quanto aos desenhadores, aproveitam a sua superfície de reflexão como base para a sua criatividade. Actualmente procede-se à reciclagem de latas em muitos países (pág. 62).

PRESILHA EM FORMA DE ANEL
Esta tira de presilhas em forma de anel mostra uma sequência típica de estampagem de pequenas partes metálicas. Se os metais forem submetidos a fortes tensões tendem a fracturar-se, de modo que a tira de metal passa por uma série de prensas, cada uma das quais a altera apenas ligeiramente. Deste modo pode-se obter uma forma complexa durável e de grande precisão a altas velocidades. Após os anéis serem separados da tira, os materiais de desperdício são reciclados.

Cada prensa altera ligeiramente a forma

O ressalto no centro da tampa é empurrado por meio do anel e fica plano

O anel completo

O metal na base é mais espesso para resistir à pressão de um líquido carbonatado

Metal para reciclagem

A parte superior é colocada após se encher a lata

Corpo da lata

Paredes delgadas para poupar metal

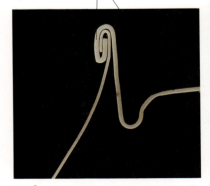

A extremidade enrolada do topo ajusta-se a uma flange no corpo

Parte superior da lata

FABRICO DA TAMPA DA LATA
A tampa é feita através de uma série de operações de estampagem. Estas formam um ressalto no centro, que encaixa no buraco mais pequeno da presilha, e é depois alisado, formando um rebite que o segura. Antes da presilha ser ligada, é feito um veio na tampa. Quando se puxa a presilha, o metal parte-se ao longo do veio, abrindo-se a lata.

FABRICO DO CORPO DA LATA
Dobra-se um disco metálico espesso, forçando-o através de um buraco, até adquirir a forma de uma taça. O metal é comprimido desde a base, formando paredes finas e resistentes. No fundo da lata o metal é mais espesso para resistir à pressão da bebida efervescente.

ADIÇÃO DA PARTE SUPERIOR DA LATA
A parte superior da lata é colocada após se ter introduzido a bebida no interior do seu corpo. Depois a lata segue para uma máquina que roda vigorosamente as duas peças de metal em torno uma da outra. Um vedador adicionado durante o fabrico da parte superior evita a fuga de gás.

Deslocação | *O átomo move-se ligeiramente para reduzir a tensão* | *Um átomo move-se na direcção do espaço vazio*

CUTELARIA DE AÇO INOXIDÁVEL
O aço inoxidável foi inventado em 1913 pelo metalúrgico britânico Harry Brearley (1871-1948). Ele fabricou um aço com 13% de crómio. A nova liga era altamente resistente à corrosão: o crómio reage com o oxigénio do ar, formando uma película protectora resistente, que se renova por si mesma se o metal for riscado.

DESLOCAÇÃO
Os cristais dos metais não são perfeitos. Quando eles se formam a partir do metal fundido, pode ser capturado um elevado número de átomos nos locais errados à medida que o metal vai endurecendo. Dá-se o nome de deslocação à lacuna resultante.

MOVIMENTO ÚTIL
As deslocações permitem aos metais mover-se internamente, dilatando-se em vez de racharem quando sujeitos a tensões. À medida que os átomos se movem, a deslocação propaga-se através do cristal.

TENSÃO CONTÍNUA
Se o metal for repetidamente submetido a tensões, um grande número de deslocações pode interferir entre si. Deste modo o metal torna-se quebradiço, devido a um efeito a que se dá o nome de «trabalho de têmpera».

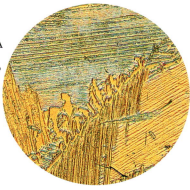

O MELHOR DOS DOIS
É difícil prever o modo como os metais interactuam uns com os outros nas ligas, mas por vezes um par de metais diferentes pode combinar-se de forma a resultar numa liga com as melhores propriedades dos dois. Esta liga de titânio-alumínio, ampliada cerca de 50 vezes, é quase tão forte como o titânio e quase tão leve como o alumínio. Mas como acontece com a maioria das ligas, o seu ponto de fusão é mais baixo do que o de cada um dos metais que a compõem, de modo que para altas temperaturas o titânio é usado sozinho.

Cutelaria de aço inoxidável

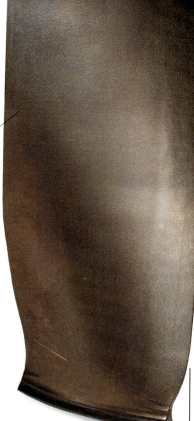

A lâmina de titânio tem uma parte interior côncava em «favo de mel», o que a torna mais leve

O azul representa as áreas de tensão mínima

O vermelho corresponde às áreas de maior tensão

O amarelo corresponde a áreas de menor tensão

O verde assinala as áreas onde existe muito pouca tensão

ANÁLISE DA TENSÃO
Esta imagem obtida por computador mostra o perfil da tensão numa hélice de avião a jacto na descolagem, altura em que aquela é máxima, de modo a produzir o enorme impulso necessário para fazer o avião levantar voo, lançando-o no ar. Cada motor confere ao avião uma impulsão para a frente que pode ir até 40 toneladas-força. A cor indica áreas de maior e menor tensão. O computador permite aos projectistas testar um motor e os seus componentes antes dos metais serem cortados. Os metais modernos possibilitam a construção de uma estrutura de peso leve que resistirá não só às tensões previstas, que aqui aparecem, mas também a efeitos acidentais como, por exemplo, um pássaro aspirado pelo motor. O projecto do computador para se obter uma eficiência máxima deste componente, aparentemente simples, contribuiu para reduzir o custo de uma viagem aérea.

PÁ DE VENTILADOR
Esta pá de ventilador pertence a um avião de grandes dimensões, com motor a jacto. Na descolagem a tensão no metal é enorme, tal como mostra a simulação no computador *(esquerda)*, de forma que para evitar que o ventilador voe separadamente, as pás devem ser leves e muito fortes. O titânio, embora dispendioso, é o único metal apropriado.

Moldação dos metais

OS METAIS PODEM SER MOLDADOS utilizando mais métodos do que a maioria dos outros materiais. Eles podem adquirir a forma pretendida enquanto frios ou quentes, ou quando se encontram incandescentes, em fase líquida. O processo de moldação de metais no estado líquido — fundição — é usado desde que se descobriram os metais. O mais simples e menos perfeito é a fundição em molde de areia. O processo de fundição em molde mais dispendioso, força o metal líquido para um molde metálico fechado, ou matriz, para fazer componentes de maior precisão, como os dos computadores. Podem ser fabricadas peças fundidas côncavas através de uma técnica antiga denominada «cera perdida», ou o seu equivalente moderno, «fundição de investimento». Para produzir o arame o metal é comprimido entre rolos e empurrado para pequenos buracos.

MOLDE DE ALFINETE DA IDADE DO BRONZE
Os fornos primitivos de cerca de 1000 anos a. C., quando este molde de rocha foi feito, eram suficientemente quentes para fundir o bronze (pág. 14). Este molde permitia fabricar três alfinetes decorativos com cabeças esféricas.

Alfinete

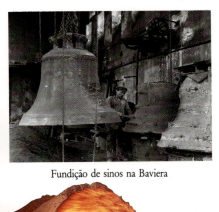

Fundição de sinos na Baviera

MOLDAÇÃO DE UM SINO
Os sinos de igreja são fabricados com um bronze especial pelo método de fundição de «cera perdida». Isto permite que sejam feitos como uma peça única, de forma a não existirem fendas que poderiam, eventualmente, deturpar o som. Tira-se um molde de cera do sino. Em seguida a cera é coberta com argila e, depois, fundida. A cavidade resultante, em forma de sino, é cheia com metal fundido. Após arrefecido e decorado o sino é testado.

Os moldes de cera são mergulhados em argila

FUNDIÇÃO EM MOLDE DE AREIA
Chama-se fundição ao local onde são fabricadas peças fundidas. A fundição em molde de areia aproveita o modo como a areia húmida se mantém unida e adquire formas como os castelos de areia. Uma vez que a areia funde a temperaturas muito mais elevadas, do que qualquer metal, não é afectada quando se vaza o ferro fundido ou outras ligas. Após a solidificação do metal, o frágil molde de areia é facilmente removido, deixando a sua forma impressa no material de maior durabilidade.

FUNDIÇÃO DE INVESTIMENTO
A «fundição de investimento» é um moderno desenvolvimento da antiga técnica de «cera perdida». A forma requerida é em primeiro lugar moldada em cera, usando um molde de metal, e acabada à mão para remover as imperfeições. Depois é coberta por uma camada de argila fina, como a usada na cerâmica (pág. 8), por pulverização ou imersão. Após a argila secar, a peça é aquecida para derreter a cera. O molde que a cera deixou é cheio com metal fundido — geralmente um metal precioso ou uma liga exótica.

Colher

O ferro fundido é vazado para o molde

Molde

Areia húmida

Caixa de ferro

Modelo de madeira

1 MOLDAÇÃO DA MADEIRA
Coloca-se numa caixa de ferro um modelo de madeira, com a forma de metade da peça, e distribui-se à sua volta areia húmida, de um modo compacto. Em seguida remove-se o modelo, o qual deixa uma marca exacta da sua forma, tal como uma pegada na areia da praia. O molde de areia será destruído durante a fundição, o mesmo não acontecendo com o modelo de madeira, pelo que podem ser fabricados milhares de moldes idênticos. São também cortados na madeira os canais para o escoamento do ferro fundido.

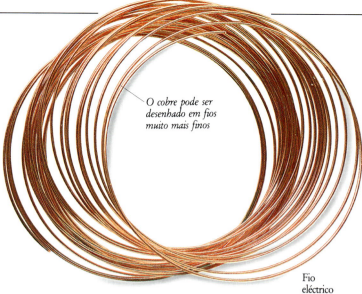

O cobre pode ser desenhado em fios muito mais finos

Fio eléctrico

LAMINAÇÃO A QUENTE
Quando o aço é aquecido ao rubro, até adquirir um brilho vermelho, torna-se suficientemente macio para adquirir formas elaboradas. O ferreiro utiliza esta propriedade para fazer ferraduras e ferragens de todos os tipos. Numa maior escala, a rotação de laminadores como este, comprime uma barra de aço maciça até à forma de vigas de aço laminado. O aço passa através de vários conjuntos de rolos, um após o outro, até atingir a forma desejada. O último conjunto de rolos, que trabalham o metal quando ele se encontra relativamente frio, conduzem-no ao tamanho final pretendido, e podem ainda acrescentar o nome do fabricante. As vigas são usadas na construção civil e suportam enormes pesos (pág. 53). Os carris dos caminhos de ferro são fabricados pelo mesmo método.

PODER CONDUTOR
Os fios de cobre são usados para nos trazer a luz, potência e informação. Nos metais, as partículas com carga eléctrica chamadas electrões, que são partículas constituintes dos átomos, circulam livremente através do metal. Isto torna os metais como o cobre bons condutores da electricidade e perde-se apenas uma pequena quantidade de energia quando a potência ou as mensagens circulam através dos cabos. Os fios são desenhados — empurra-se uma tira de metal ou barra através de uma série de buracos de metal duro, cada um ligeiramente mais pequeno do que o último, até se atingir o diâmetro pretendido.

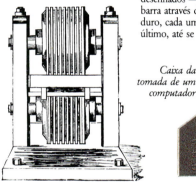

Caixa da tomada de um computador

O jito é cortado antes de ser usado

ROLOS PARA O FABRICO DOS FIOS
Esta máquina do séc. XIX foi usada para cortar chapa de ferro em tiras estreitas e depois desenhado através de uma série de moldes para utilizar na transmissão de mensagens por telégrafo ou em vedações de gado.

COMPONENTES DE FUNDIÇÃO EM MOLDE
Os metais podem ser moldados como os plásticos (pág. 27) por fundição em molde sob pressão. É feito um molde de aço em duas ou mais peças. Estas encontram-se unidas sob grande pressão, enquanto uma quantidade precisa de metal fundido é vazada. Quando o metal arrefece, o molde abre-se libertando uma peça fundida de muito detalhe que pode ser usada logo em seguida, com muito pouco trabalho de acabamento. As tomadas de computador são executadas por este método.

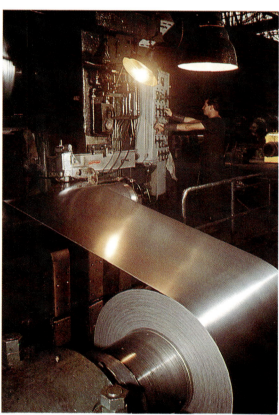

Canal para o ferro fundido

2 PRONTO PARA RECEBER O METAL
Após terem sido removidos os moldes de madeira as duas metades do molde são presas em conjunto. O ferro fundido é vazado para um cano chamado jito. O metal empurra o ar para fora do molde através de outro canal chamado elevador. É então vazada uma quantidade extra de metal para permitir que esta se contraia à medida que arrefece. Nas modernas fundições, estas operações são executadas por máquinas automáticas.

3 O PRODUTO FINAL
Este molde foi desenhado para fazer um par de peças fundidas idênticas, que são usadas como ornamentos. Os pequenos mochos de ferro foram pintados com tinta preta brilhante para impedir a corrosão do ferro.

AÇO LAMINADO ARREFECIDO
Muitos dos produtos actuais são feitos de chapas de metal facilmente moldáveis (pág. 14). As chapas de aço ou alumínio começam por ter cerca de 5 mm de espessura e 1 m de comprimento. O metal frio passa através de uma série de rolos, cada um deles pesando diversas toneladas, que estiram o metal até uma espessura final de 0,15 mm. A laminagem a frio é mais precisa e dá um melhor acabamento do que a laminagem a quente. À medida que a tira móvel adelgaça, torna-se mais longa e desloca-se mais rapidamente, atingindo velocidades da ordem dos 90 km/h.

Junção de peças

EM TECNOLOGIA OS PRODUTOS são geralmente produzidos por junção de peças de vários materiais. Isto torna-se necessário não só porque diferentes partes do produto necessitam de diferentes propriedades, como ainda pelo facto da forma final poder ser demasiado grande (uma ponte) ou complicada (um relógio) para ser feita de outro modo. Existem cinco métodos principais para juntar as peças. Elas podem ser perfuradas e ligadas com rebites, parafusos ou linhas de coser; podem ser revestidas com um material que é atraído pelas duas superfícies, como uma solda ou um adesivo; podem fluir em conjunto, como acontece na soldagem; podem-se unir por fricção, como um prego na madeira; podem ainda ser moldados para encaixarem, como as partes de um brinquedo de plástico.

FECHADURAS NA NATUREZA
Até na Natureza as fechaduras são necessárias. A asa de uma abelha consiste na realidade em duas asas presas uma à outra. Pequenos ganchos na asa dianteira prendem uma barra na asa traseira para formar uma única superfície voadora. Quando pousam, o fecho é aberto por uma pancada rápida, permitindo à abelha cruzar as asas.

Pregos do séc. XIX para trabalho de construção

PREGOS GROSSEIROS
Os pregos trabalham melhor na madeira, onde se podem forçar por entre as fibras, permanecendo no lugar por fricção. Estes pregos foram simplesmente retirados de uma lâmina de aço.

Pino de painel

Tacha de tapete

Prego de arame redondo para carpintaria

Prego sem cabeça para o chão ou tábua de soalho

Bucha metálica para encaixes em paredes ocas

O parafuso de cabeça chata dá um acabamento perfeito

Prego para fixar feltro

Grampo

Rebite escareador

Rebite de cabeça redonda

DISPOSITIVOS DE LIGAÇÃO
A maioria dos dispositivos de ligação são parafusos de fricção, ou rebites. Os fixadores de fricção são na sua maioria variações dos pregos, mas a cavilha e a cavidade de fixação também agarram por fricção quando os seus parafusos são apertados. Os parafusos e as porcas precisam de fricção para evitar que rodem. Assim, se vão ser usados em locais onde vão sofrer vibrações, a fricção tem de ser aumentada com anilhas onduladas ou embutidos de plástico. Os rebites são os menos convenientes, mas são ao mesmo tempo os fixadores de maior confiança, por passarem através de ambas as partes a unir e depois mudam a sua forma para manter as partes juntas permanentemente.

Porca

Arruela (anilha)

Arruela ondulada

A bucha segura os parafusos na parede

Parafuso auto-roscante zincado

Parafuso para madeira chapeado a zinco

Parafuso para madeira pintado a preto

Parafuso de latão

Placa de pregos para unir duas peças de madeira

Ferragem correctora de ângulo

Fechos ondulados para unir cantos

MALHETE
A madeira é mais resistente quando ainda se encontra na árvore. Qualquer corte nela efectuado enfraquece-a. A arte da carpintaria consiste em repor, na medida do possível, a força e resistência da madeira, mantendo os veios orientados na direcção correcta e fazendo ligações que não se separem. O malhete, na parte da frente desta gaveta, foi desenhado de forma a resistir às forças que nela se aplicam constantemente.

Cola animal para madeira

Adesivo de epóxi

Madeira de faia

Malhete

Frente da gaveta de madeira de cerejeira

ADESIVOS
As colas naturais têm a desvantagem de serem comestíveis, razão pela qual os microrganismos as atacam. As colas actuais, feitas de resinas de epóxi derivadas do petróleo, formam ligações permanentes. Elas actuam mudando quimicamente de líquido a sólido.

REFORÇO PARA ROUPA
Os cantos provocam a concentração de tensões, podendo ocorrer fractura de materiais. A costura consiste em fazer passar uma linha através de um buraco e puxar de forma a estabelecer uma ligação. Em pontos de concentração de tensão, os rebites podem constituir um reforço adicional.

REBITAGEM DE METAL

Um rebite é uma peça de metal semelhante a um parafuso mas sem filete na cabeça. É colocado num buraco que foi feito através das duas partes a unir, e depois a sua extremidade plana é martelada do outro lado para juntar as duas peças. Para unir o casco de um avião à sua estrutura utilizam-se rebites (pág. 7). Quando o outro lado é difícil de atingir utilizam-se rebites explosivos.

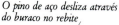

O pino de aço desliza através do buraco no rebite

1 JUNÇÃO DAS PARTES

O rebite explosivo tem um buraco no meio, onde desliza um pino de aço. O rebite é inserido na cabeça de uma ferramenta que tem uma pega feita de um longo conjunto de alavancas. O rebite é então colocado num buraco para que as duas partes sejam unidas. A pega da alavanca converterá um longo e suave impulso no pino de aço, num mais pequeno, mas mais enérgico.

2 FIXAÇÃO DO REBITE

Quando a ferramenta é empurrada, a cabeça do pino é comprimida contra a extremidade do rebite. Este comprime o rebite e prende as duas partes a unir. Quando o rebite não puder ser mais comprimido, o empurrão intenso no pino faz com que a sua cabeça se solte repentinamente com um «estalido».

A cabeça do pino comprime o rebite plano

A cadeia é comprimida até ao limite

ROUPA SEGURA

A soldagem é frequentemente feita com uma chama de acetileno. Devido ao calor intenso e ao clarão brilhante das faíscas, os primeiros soldadores vestiam-se dos pés à cabeça com roupa à prova de chama. Hoje em dia os trabalhadores usam um arco eléctrico soldador, mas necessitam ainda de uma viseira protectora.

3 A JUNÇÃO FINAL

O rebite explosivo fica bem assente no material, apesar do buraco no seu centro. Um problema menor é o facto da parte do pino que se quebra permanecer no interior.

O exterior do pino explosivo

Junta de soldadura TIG

JUNÇÕES DE BICICLETA

A soldadura por gás inerte de tungsténio (TIG) é o método usado para unir as partes metálicas em muitas das bicicletas modernas.

Ao puxar-se o sistema articulado exerce-se uma força potente no pino

O rebite é colocado nos buracos furados

SOLDADURA

Um corte num dedo acaba por sarar quando cresce pele nova, formando uma junção perfeita do mesmo material das partes unidas. A soldadura actua da mesma forma. São fundidas duas peças de metal, utilizando uma chama ou corrente eléctrica. Em seguida são amalgamadas ao longo das suas extremidades, com a adição de uma quantidade suplementar de metal para reforçar. Todavia, alguns metais combinam-se com o oxigénio do ar para formar uma película superficial resistente que evita a junção das peças. Na soldadura TIG e MGI (gás metálico inerte) o metal é protegido, injectando gás que não contém oxigénio.

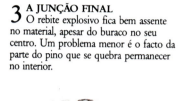

A máscara protege a cara do soldador

O arco eléctrico funde o metal

Fornecimento de electricidade e gás

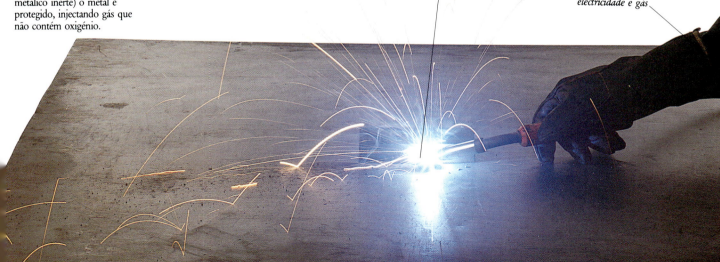

Tracção e compressão

Os MATERIAIS APENAS TÊM UTILIDADE quando conseguem resistir a forças. Estas propagam-se através das estruturas como uma corrente eléctrica. Quando se coloca um peso numa estrutura, este exerce uma força vertical dirigida para o centro da Terra. Por sua vez a Terra exerce sobre ele uma força simétrica daquela, o que explica a sua imobilidade. Se não existissem forças de resistência a compressões e tracções, as ligações seriam quebradas ao fim de pouco tempo. Uma tensão — exercida por um empurrão ou por um puxão — causa um esforço num material. Os átomos deslocam-se das suas posições normais, criando uma força que tenta equilibrar a tensão exercida. Se for necessária uma força de grande intensidade, os átomos sofrem um deslocamento tão grande que o material acaba por se fracturar. Para o evitar, fazem-se estruturas mais fortes, o que é em geral bastante dispendioso. Os engenheiros estudam a resistência dos materiais, prevendo as compressões e tracções que poderão encontrar.

A corda enrola-se com a compressão

EMPURRANDO A CORDA
A corda pode ser puxada, criando-se uma tensão, mas é inútil nos locais onde é necessário uma compressão, pois não se pode empurrar para trás.

A corda pode resistir a uma tracção

CORDA DE TENSÃO
Uma corda, de sisal ou de arame pode ser utilizada sob tensão — exercendo uma força de tracção —, como parte de uma estrutura. As cordas de arame são usadas na suspensão de pontes (pág. 22). Mas um engenheiro que prevê uma tensão num determinado ponto da estrutura, e usa uma corda para a suster, tem de estar certo disso: se a força for de compressão a corda não estará apta a fornecer qualquer força de resistência e a estrutura pode desmoronar.

Os tijolos não resistem a uma tracção

TENSÃO EM TIJOLOS
Tal como uma corda não consegue resistir a uma compressão, uma pilha de tijolos não pode resistir a uma tracção — os tijolos separam-se. Os tijolos são formados por pequenas partículas que se encontram ligadas por forças de pequena intensidade. Estas ligações rompem-se facilmente, o que torna os tijolos e materiais semelhantes, como o betão, pouco resistentes à tracção.

Os tijolos resistem a uma compressão

COMPRESSÃO EM TIJOLOS
Ao comprimirmos um conjunto de tijolos verificamos que eles exercem uma força de resistência de igual intensidade, o que leva a concluir que são resistentes à compressão. É o que acontece nas paredes. O peso dos tijolos, e de cargas como os soalhos ou os tectos, mantém-nos em conjunto, formando uma estrutura resistente. O cimento existente entre eles apenas distribui igualmente a carga sobre as suas superfícies.

APARELHO PARA TESTAR A RESISTÊNCIA DO CIMENTO
Todos os materiais conhecidos actualmente foram testados quanto à sua resistência, e os resultados publicados em tabelas que serão utilizadas pelos engenheiros. Quando se fabricam novos materiais, têm de ser submetidos a testes para determinação da sua resistência; assim também os materiais que vão ser utilizados num trabalho de grandes proporções, para ver se se encontram dentro dos padrões. Esta máquina simples, usada no séc. XIX, mede a força de tensão de uma amostra de cimento, utilizando um peso crescente para aumentar a tensão exercida sobre ele até à sua fractura.

O peso do balde puxa o braço para baixo

O briquete é colocado entre as garras da máquina de teste

O balde recolhe os grânulos de chumbo, e o peso aplica uma força no braço da balança

A tremonha liberta grânulos de chumbo com um caudal específico

1 A AMOSTRA
O cimento é misturado com uma quantidade rigorosamente medida de água e introduzido num molde, aí permanecendo por um período especificado a uma dada temperatura. Para assegurar resultados que se possam repetir, o briquete tem sempre 8 cm de comprimento e 2,5 cm de largura. Após se prender o briquete, entre as garras da máquina, coloca-se um balde de metal na extremidade do braço e enche-se de grânulos de chumbo, provenientes da tremonha, até que o cimento se quebre.

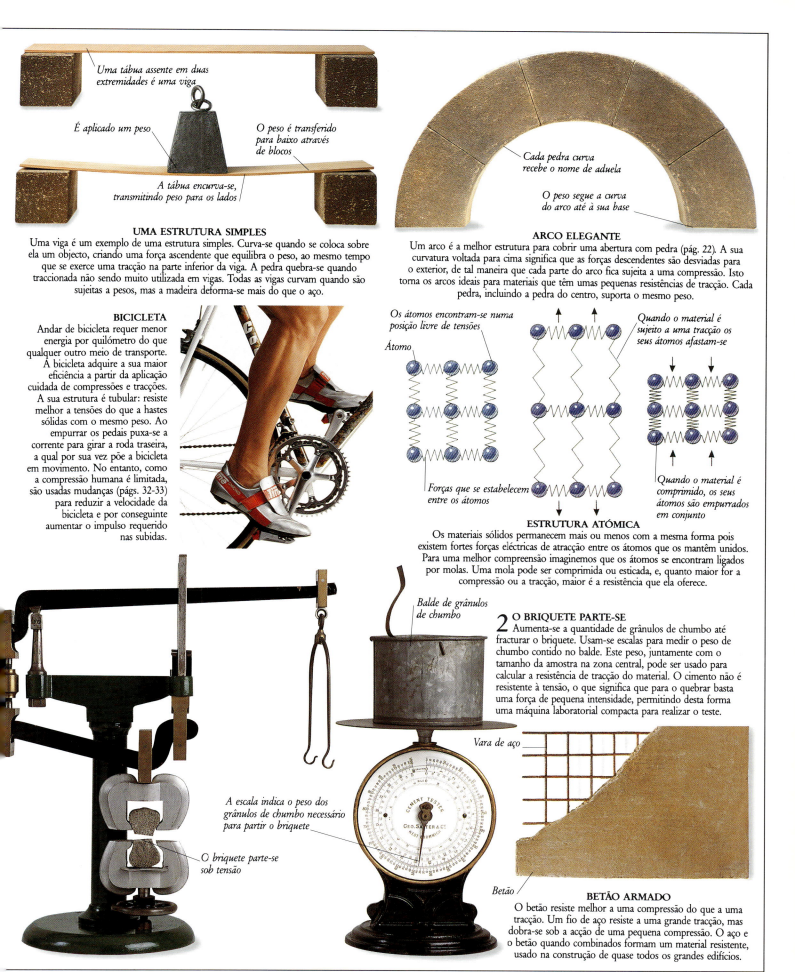

UMA ESTRUTURA SIMPLES
Uma viga é um exemplo de uma estrutura simples. Curva-se quando se coloca sobre ela um objecto, criando uma força ascendente que equilibra o peso, ao mesmo tempo que se exerce uma tracção na parte inferior da viga. A pedra quebra-se quando traccionada não sendo muito utilizada em vigas. Todas as vigas curvam quando são sujeitas a pesos, mas a madeira deforma-se mais do que o aço.

ARCO ELEGANTE
Um arco é a melhor estrutura para cobrir uma abertura com pedra (pág. 22). A sua curvatura voltada para cima significa que as forças descendentes são desviadas para o exterior, de tal maneira que cada parte do arco fica sujeita a uma compressão. Isto torna os arcos ideais para materiais que têm umas pequenas resistências de tracção. Cada pedra, incluindo a pedra do centro, suporta o mesmo peso.

BICICLETA
Andar de bicicleta requer menor energia por quilómetro do que qualquer outro meio de transporte. A bicicleta adquire a sua maior eficiência a partir da aplicação cuidada de compressões e tracções. A sua estrutura é tubular: resiste melhor a tensões do que a hastes sólidas com o mesmo peso. Ao empurrar os pedais puxa-se a corrente para girar a roda traseira, a qual por sua vez põe a bicicleta em movimento. No entanto, como a compressão humana é limitada, são usadas mudanças (págs. 32-33) para reduzir a velocidade da bicicleta e por conseguinte aumentar o impulso requerido nas subidas.

ESTRUTURA ATÓMICA
Os materiais sólidos permanecem mais ou menos com a mesma forma pois existem fortes forças eléctricas de atracção entre os átomos que os mantêm unidos. Para uma melhor compreensão imaginemos que os átomos se encontram ligados por molas. Uma mola pode ser comprimida ou esticada, e, quanto maior for a compressão ou a tracção, maior é a resistência que ela oferece.

2 O BRIQUETE PARTE-SE
Aumenta-se a quantidade de grânulos de chumbo até fracturar o briquete. Usam-se escalas para medir o peso de chumbo contido no balde. Este peso, juntamente com o tamanho da amostra na zona central, pode ser usado para calcular a resistência de tracção do material. O cimento não é resistente à tensão, o que significa que para o quebrar basta uma força de pequena intensidade, permitindo desta forma uma máquina laboratorial compacta para realizar o teste.

BETÃO ARMADO
O betão resiste melhor a uma compressão do que a uma tracção. Um fio de aço resiste a uma grande tracção, mas dobra-se sob a acção de uma pequena compressão. O aço e o betão quando combinados formam um material resistente, usado na construção de quase todos os grandes edifícios.

Construção de estruturas

O SIMPLES ASPECTO DO TAMANHO DOS EDIFÍCIOS, barragens e pontes, exige certos requisitos tecnológicos. Os arquitectos e engenheiros têm apenas uma oportunidade para fazer as coisas. São necessários cálculos detalhados e um grande conhecimento dos materiais para assegurar que um novo edifício se mantenha de pé e proporcione um ambiente confortável para os seus ocupantes. Os edifícios devem também ter bom aspecto — as formas e estilos variam com as épocas. Nos tempos antigos a construção era mais fácil para construtores e engenheiros. A escolha de materiais era limitada, os projectos eram geralmente desenvolvidos, modificando algo feito anteriormente, e o estilo arquitectónico mudava lentamente. Os primeiros construtores realizaram trabalhos grandiosos — edifícios como as grandes catedrais da Europa. No entanto, estes edifícios não correspondiam a estruturas complexas, de acordo com os padrões dos modernos edifícios, cujos complicados serviços de comunicação e controle ambiental, controlados por computador, o tornam tão complexo como um automóvel.

Lugares para 50 000 espectadores

Quatro bancadas arqueadas originalmente revestidas com mármore

Câmaras ao nível do solo onde se encontravam os animais selvagens

PONTE DO GARD
Esta estrutura espectacular, com 275 m foi construída sob o general romano Agripa (63-12 a. C.) há cerca de 2000 anos. Conduzia as águas de nascente por cima do rio Gard até à cidade de Nîmes em França. A pedra era o único material disponível, e o arco (pág. 21) a única estrutura conhecida para que uma construção de pedra pudesse transpor um rio. O maior arco, com 29 m de largura, é necessário para atravessar o rio; os outros apenas ajudam a reduzir o número de pedras, tornando a estrutura mais leve.

CASA DOS GLADIADORES
O Coliseu é uma vasta arena em Roma, construída em 70-80 com pedra, tijolo e betão. Os romanos foram os primeiros a usar betão em tão larga escala. Para reduzir o peso do monumento, com 190 m de comprimento, são colocados arcos em numerosos locais.

Câmara de betão   *Cabo*

Os fios de aço estão embutidos em betão   *Rocha*

ANCORAGEM DE UMA PONTE SUSPENSA
Os cabos de uma ponte suspensa transmitem forças longitudinais desde as torres de suporte, permitindo-lhes sustentar uma longa estrada. Para evitar forças longitudinais nas torres, os cabos passam livremente nos seus topos e estão fixos em pedra de cada lado do vale onde se construiu a ponte. É necessário fazer ancoragens como esta, distribuindo a carga por uma vasta área de pedra, para evitar que os cabos se partam.

PONTE SUSPENSA
Como o aço é resistente à tensão, uma estrada pode ser suspensa em cabos de aço apoiados no topo de duas torres. O resultado é uma ponte suspensa — uma espécie de arco invertido. Impressionantes distâncias de 2 km podem ser transpostas deste modo. Há milhares de anos os homens usavam trepadeiras de uma forma idêntica para atravessar os rios. Esta ponte militar suspensa de 1900 *(modelo abaixo)* tem uma extensão de apenas 60 m. As suas leves torres de madeira não podem suportar o peso de uma ponte mais longa.

Ancoragem do cabo   *Os cabos de aço sustêm a estrada*   *Torre de madeira*   *Estrutura leve que pode ser rapidamente desactivada para fins militares*

TÚNEL DO CANAL DA MANCHA
A metade britânica do túnel de 50 km, que liga a Grã-Bretanha à França, foi escavada por esta máquina enorme, que constitui um triunfo da engenharia. O monstro, com 250 m de comprimento, avançava 75 m por dia escavando um túnel para conhecer a sua correspondente francesa, 100 m abaixo da superfície do canal da Mancha, em Junho de 1991. Sem o equipamento *laser* para levantamento topográfico (págs. 58-59), usado em todo o projecto, esta velocidade e precisão teriam sido impossíveis.

A máquina transporta duas vias férreas, nove computadores e condutas para ar e água

O MAIOR DOS MESTRES
O pintor e escultor italiano Miguel Ângelo (1475-1564) foi um dos arquitectos da Basílica de S. Pedro em Roma. Na figura ele mostra o modelo da igreja ao Papa Paulo IV. A maior contribuição de Miguel Ângelo foi o projecto da soberba cúpula central.

ARRANHA-CÉUS DE NOVA IORQUE
Em 1856 o engenheiro britânico Henry Bessemer (1813-1898) inventou uma forma barata de fabricar aço. Isto veio responder ao problema de economia de espaço nas cidades de desenvolvimento rápido da América do Norte. A altura de um edifício de tijolo é limitada pela sua capacidade de resistir às forças laterais provocadas pelo vento e pelos movimentos da Terra. Mas um edifício com uma estrutura de aço pode erguer-se acima dos 50 andares. O primeiro edifício com estrutura de aço foi construído em Chicago, em 1885, numa altura em que outras invenções como o elevador e o telefone tinham tornado viáveis os edifícios altos. Esta vista de Nova Iorque mostra os resultados.

EDIFÍCIO DO LLOYD'S, LONDRES
O arquitecto britânico Richard Rogers (nascido em 1933) conquistou uma fama instantânea em 1971 com o Centro Pompidou, em Paris, economizando espaço interior devido à colocação dos tubos e escadas rolantes no exterior. Ele repetiu este estilo em 1986 com o edifício do Lloyd's na cidade de Londres, que utiliza a ideia do «dentro-fora» para criar um notável espaço interior por todo o edifício. Guindastes permanentes possibilitam o acesso aos engenheiros de manutenção. Apesar do seu aspecto metálico, o edifício é feito de aço. A quantidade de aço brilhante que é realmente necessária, e a quantidade que ali se encontra para dar um aspecto de alta tecnologia, é ainda motivo de discussão por parte dos críticos de arquitectura.

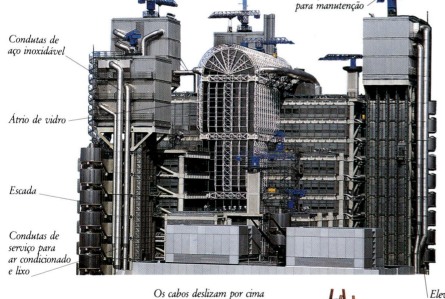

Guindaste permanente para manutenção
Condutas de aço inoxidável
Átrio de vidro
Escada
Condutas de serviço para ar condicionado e lixo
Elevador exterior
O cabo vai de uma ancoragem a outra
Os cabos deslizam por cima do topo da torre para evitar cargas longitudinais
Cada ancoragem suporta metade da tensão do cabo
O tabuleiro deve ser rígido para evitar vibrações perigosas
As torres sustêm a maior parte do peso

Madeira

AO LONGO DE MILHÕES DE ANOS, a madeira evoluiu da sua função de suporte para as folhas, flores e frutos das plantas, mantendo-as acima do solo, para fabricar uma grande diversidade de objectos. Quando o Homem desenvolveu os machados começou a cortar árvores. A madeira é ainda um dos materiais mais utilizados actualmente. É usada no fabrico de soalhos, mobília, papel; os edifícios de betão são construídos deitando cimento em moldes de madeira (págs. 28-29) feitos de numerosas fibras paralelas de celulose, longas e resistentes. Esta substância branca, parecida com açúcar, encontra-se em todas as plantas, mas nas árvores é reforçada por um material castanho chamado lenhina, que confere cor à madeira. Existem centenas de tipos de madeira, que são utilizados para diferentes fins. A madeira auto-recicla-se por putrefacção, produzindo o dióxido de carbono necessário para novas árvores. Este material incrível é três vezes mais forte que o aço.

As tiras de couro fixam a lâmina ao cabo

CARPINTARIA
A tecnologia da madeira remonta à Idade da Pedra, mas foram necessárias lâminas de metal (págs. 12-13) para o trabalho em madeira se tornar um verdadeiro ofício. Por volta de 1500 um carpinteiro, como o da figura, contava principalmente com um machado para cortar a madeira.

Lâmina de metal

Extremidade cortante

Cabo de madeira

FERRAMENTA ANTIGA
A enxó é uma das mais antigas ferramentas de madeira. Foi usada pelos antigos egípcios para esculpir grandes objectos de madeira como barcos ou caixões. Este instrumento apresenta um bom funcionamento, razão pela qual ainda é utilizada actualmente no Médio Oriente.

A lâmina é colocada na madeira

O CAMINHO DA NATUREZA
A Finlândia, a Suécia e o Canadá possuem vastas florestas de pinheiros que fornecem madeira e papel a quase todo o mundo. Transportar toda esta madeira representa uma grande despesa. Esta pode, no entanto, ser reduzida, como aqui se mostra, pelo método tradicional de fazer flutuar os toros do rio até ao mar.

Carvalho — usado em mobília e decoração de lojas

Pinheiro — usado em mobília e construção

Mogno — utilizado pela sua resistência e cor

Ramin — utilizado em brinquedos e interiores de edifícios

Balsa — apresenta um crescimento rápido e é leve

MADEIRAS DIFERENTES
Cada madeira tem as suas propriedades, sendo usada para fins específicos. As madeiras mais comuns são as das florestas de coníferas, como as de pinheiro e abeto, pois são baratas e fáceis de trabalhar. Estas madeiras provêm de florestas sustentadas, onde cada árvore abatida é logo substituída por um novo rebento. As coníferas mantêm as folhas todo o ano, desenvolvendo-se também no Inverno, quando a luz é escassa. As madeiras rijas obtêm-se das árvores de climas quentes e luminosos. Estas madeiras são difíceis de trabalhar mas são bonitas e mais caras. O mogno, por exemplo, é muito requisitado para trabalhos de marcenaria, mas a sua exploração tem aumentado muito, pondo em risco a sobrevivência das árvores e das florestas onde se encontram.

As aparas separam-se à medida que a plaina se move para a frente

A lâmina é fixada aqui

Parafuso de ajustamento

PLAINA DE ALISAR
A madeira pode ser facilmente cortada com ferramentas manuais como esta plaina de alisar. O aplainamento é sempre feito de acordo com a textura, para que as fibras sejam apenas separadas e não quebrem. O ângulo da lâmina e a sua extremidade cortante são escolhidos para cortar a madeira com o menor esforço, produzindo aparas encaracoladas. As plainas são usadas para alisar superfícies irregulares e dar à madeira as suas dimensões finais.

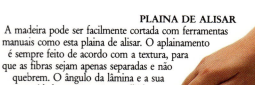

UTILIZAÇÃO DA ENXÓ
A enxó é um instrumento intermediário entre um machado e uma plaina. Executa o seu trabalho na superfície da madeira e depois separa a camada superior, aproveitando-se da fragilidade da madeira ao longo do veio para produzir um alisamento final.

Trabalho da madeira

A madeira é resistente na direcção das suas fibras, ou no seu veio, mas como as fibras se encontram fracamente ligadas, é fácil partir a madeira ao longo do veio. Ao contrário dos metais ou do plástico, a madeira é mais resistente à tensão do que à compressão (págs. 20-21), e é sensível à humidade — dilatando ou apodrecendo numa atmosfera húmida. O desenho *(design)* dos objectos de madeira tem de considerar este facto. A maior parte da mobília antiga e muitos instrumentos musicais são feitos de madeira. Um violino, por exemplo, é uma peça notável de corte, modelagem e junção.

CONSTRUÇÃO DO CORPO
Tábuas de madeira seleccionada, como o vermelho para o tampo (ou barra), e madeira dura como o ácer para as costas, são coladas umas às outras, formando folhas maiores. O tampo e as costas são então cortados com uma serra fina.

BRAÇO EM VOLUTA
O braço é cortado e esculpido a partir de um bloco de ácer e são feitos os orifícios para receberem as cavilhas de ébano.

CURVAS ESCULPIDAS
Usa-se uma goiva para esculpir o tampo bojudo e as costas do violino. As ilhargas moldadas sob a acção do calor ligam as costas ao tampo, formando uma caixa de ressonância que confere ao instrumento a sua potência.

FERRAMENTAS MINIATURA
A modelação e acabamento de instrumentos musicais requer um toque delicado. São usadas pequenas plainas — a mais pequena com o tamanho de uma unha de polegar — para alisar as marcas deixadas pela goiva.

REPRODUZINDO UMA CADEIRA HISTÓRICA
A maioria das pessoas ainda prefere nas suas casas mobília de madeira. Apesar dos fabricantes de mobília terem desde há muito desenvolvido juntas de madeira imperceptíveis e fortes, são ainda necessárias colas (pág. 18) para as impedir de se soltarem, por isso as mobílias mais baratas têm geralmente encaixes metálicos. Peças como esta cadeira estilo regência são feitas de madeira, usando o malhete e a ranhura, na qual a tábua lateral, formada por uma peça de madeira, encaixa. Nesta cadeira, as juntas que suportam o peso estão fixas com cavilhas, peças cilíndricas de madeira, que as ajudam a manter-se firmes.

ELEGANTE E RESISTENTE
Esta cadeira exibe a simplicidade do período da regência (1811-1820). Tem aspecto firme porque utiliza os materiais de modo a aproveitar as suas melhores vantagens. Os braços curvos são formados por duas peças para assegurar que os veios corram ao longo das áreas sujeitas a maior tensão, e não as atravessem. As pernas robustas e as juntas com pinos evitam o recurso a esticadores — barras que unem as pernas perto da base —, conferindo a leveza típica do período.

Plásticos

ARANHA EM ÂMBAR
O âmbar é um plástico natural, a resina fossilizada de um pinheiro. Quando inicialmente formado, este pedaço de âmbar era um líquido viscoso. A aranha foi apanhada e preservada para sempre.

Os PLÁSTICOS NATURAIS como a resina de pinheiro existem há milhões de anos, mas nos meados do século passado os químicos começaram a tentar fabricar plásticos artificiais. A maior parte dos plásticos são facilmente moldados pelo calor. Alguns são mais transparentes do que o vidro, outros são mais fortes do que o aço, alguns rijos, outros macios. Podem ser transformados em fibras, injectados ou comprimidos em tubos ou folhas, ou convertidos em espuma. O primeiro plástico sintético foi inventado pelo químico britânico Alexander Parkes por volta de 1855. Este material terá sido eventualmente melhorado nos Estados Unidos para dar origem à celulóide, um material flexível e transparente (mas explosivo e inflamável) que é utilizado nas películas cinematográficas. Estes produtos iniciaram uma revolução nos materiais.

Os grânulos são coloridos com pigmentos

MATÉRIA-PRIMA
Estes grânulos de moldagem são introduzidos numa máquina que os pode fundir num líquido semelhante a melaço, e forçá-los a adquirir a forma de um molde metálico em apenas alguns segundos (pág. 38). Os materiais deste tipo são designados por termoplásticos, por se tornarem mais macios quando aquecidos («termo» refere-se a calor e «plástico» significa fácil de moldar).

OUVIR MÚSICA
Este gira-discos mecânico, ou gramofone, dos anos 20, mostra-nos como os plásticos contribuíram para melhorar as coisas. O seu corpo, em forma de caixa, é feito de peças planas de madeira e as partes móveis e a trompa acústica são feitas de metal, o que torna o gira-discos muito pesado. O disco colocado no prato é feito de um plástico primitivo — uma resina natural chamada goma-laca, reforçada com ardósia e carvão pulverizados. Este material é fácil de moldar, mas parte-se com facilidade, enquanto a sua textura grosseira dá um som de má qualidade e limita o tempo de funcionamento a apenas alguns minutos.

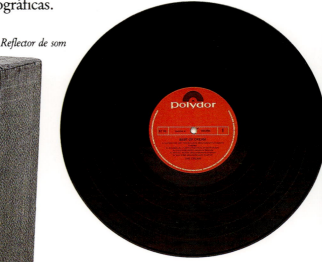

Reflector de som

A agulha metálica é utilizada apenas uma vez

Disco de goma-laca

Travão

Trompa acústica metálica

Caixa de agulhas de reserva

Caixa de madeira revestida com uma imitação de pele

Manivela utilizada para accionar o motor

DISCO MICROGRAVADO
A gravação de som foi inventada em 1877 e usada inicialmente em discos cilíndricos feitos de cera. Os discos planos, inventados pelo engenheiro alemão Emile Berliner (1851-1929) em 1887, eram moldados com plásticos primitivos. Mas o PVC, ou vinilo, disponível desde os anos 40, era mais macio, o que permitia fazer discos de superfícies mais regulares e uma menor velocidade de rotação.

DISCO COMPACTO
Os discos compactos, que apareceram em 1982, não existiriam sem os plásticos modernos. A gravação original é feita numa fita plástica, recorrendo à electrónica (pág. 58), que depende dos plásticos. O disco é feito de um plástico forte e transparente chamado policarbonato. É moldado por injecção (pág. 38), usando uma ferramenta *laser* cortante, que o grava com biliões de pequenos sinais, cada um cem vezes mais pequeno do que um ponto final, que contém a música numa forma codificada.

Utilização dos plásticos

Os plásticos designam-se polímeros, do grego *poli* (muitos) e *mero* (parte), porque as suas longas moléculas são feitas pela mesma unidade simples de átomos, repetida muitas vezes. Actualmente são talhados para inúmeros fins. A maior parte dos plásticos amolece com o calor, mas alguns ficam mais duros: são os plásticos termoendurecidos. O primeiro a ser fabricado foi a baquelite, em 1907, pelo químico belga Leo Baekeland (1863-1944).

BRINQUEDO DE CRIANÇA
Este brinquedo é feito de plásticos também usados nas janelas dos aviões e garrafas de bebidas. O seu pêlo acrílico macio é fabricado por injecção do plástico em pequenos orifícios para formar fibras, que depois são tecidas num material de reforço. Os acrílicos em forma de palha são rijos e transparentes, apropriados para janelas. Este urso foi enchido com fibra de poliester, um plástico usado em garrafas e cordas.

O urso é enchido com fibra de poliester

Olho de plástico acrílico

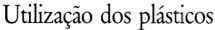

SACO DE POLIETILENO
Este saco começou como um rolo contínuo de material, feito por sopragem de ar no plástico fundido, para formar um tubo. Após a impressão, é cortado em pequenos comprimentos, que depois vão ser transformados em sacos.

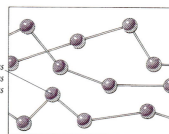

As moléculas deslizam umas nas outras

POLÍMERO TERMOPLÁSTICO
Num termoplástico as moléculas encontram-se normalmente entrelaçadas umas nas outras para formarem um sólido. Mas quando o material é aquecido, elas ganham energia suficiente para deslizarem umas nas outras, formando um líquido viscoso.

Pega metálica

A baquelite pode ser moldada em formas complexas

O pêlo é feito de tecido acrílico

Pata de veludo de nylon

Filme de triacetato de celulose

PELÍCULAS CINEMATOGRÁFICAS
A celulóide apareceu em 1887. Foi o primeiro material rígido transparente a ser enrolado numa câmara. Os filmes modernos são feitos de triacetato de celulose, o qual, ao contrário do seu antecessor, não se inflama nem explode.

A baquelite apresenta sempre uma cor escura

Garrafa térmica dos anos 20

MOLDAÇÃO DE PLÁSTICO
A técnica mais comum para moldação de termoplásticos é a injecção (pág. 38), na qual o plástico fundido é introduzido em moldes de aço fechados. Um bom *design* do molde assegura que os produtos tenham o tamanho exacto, e que peças de encaixe como estas possam ser fabricadas de uma só vez.

TETINAS PARA BEBÉS
Alguns plásticos são constituídos por moléculas longas e flexíveis chamadas elastómeros. A borracha é um elastómero natural proveniente das árvores. Na sua forma não processada, é conhecida por látex, um material resistente e flexível, usado na tetina deste biberão.

GARRAFA TÉRMICA
A baquelite foi o primeiro plástico termoendurecido. A sua cor escura limita o seu uso. Os plásticos termocurados são moldados comprimindo uma massa de resina numa prensa aquecida.

O jito é uma passagem que conduz ao molde, através da qual o plástico passa

Este par de componentes eléctricos, quando separados, ajustar-se-ão perfeitamente

ESTRADA DE PLÁSTICO
O polistireno expandido (polistireno soprado com milhões de pequenas bolhas de gás) apareceu nos anos 50. Pode substituir o cascalho vulgar do leito das estradas. É mais leve do que a pedra e apresenta-se em blocos perfeitos, de modo que é colocado rapidamente e de forma económica.

As moléculas unem-se

PLÁSTICOS DE TERMOENDURECÍVEIS
Os plásticos termoendurecíveis endurecem porque o calor fornece às moléculas a energia de que necessitam para se unirem numa malha rígida. Outros materiais, como a resina de epóxi (epoxilina) usada para colar metais (pág. 18), actuam de um modo semelhante por meio de uma reacção química que pode ocorrer à temperatura ambiente.

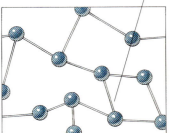

Materiais compostos

COLETE À PROVA DE BALA
Este soldado da ONU tem um colete à prova de bala, que apenas se encontra revestido com finas folhas de plástico. Este material composto ilustra a capacidade de múltiplas camadas para desviar energia perigosa.

Os MATERIAIS PODEM SER MELHORADOS: misturam-se dois para que cada um deles suprima as deficiências do outro. Desta forma foram criados vários materiais excelentes e baratos, para fabricar melhores produtos a um baixo custo. Os compostos são geralmente feitos de dois materiais com propriedades opostas. Um encontra-se frequentemente na forma de cordões ou fibras que, embora resistente à tensão, é demasiado flácido para resistir a uma compressão (págs. 20-21). O outro material pode ser uma substância que apenas cola as fibras, mantendo-as unidas. Geralmente este segundo material ou «matriz» é bastante fraco ou quebradiço. Quando se começa a abrir uma fenda, o material separa-se em dois se aquela atingir uma fibra. Isto reduz a tensão que originou a fenda, e esta pára.

Folhas de plástico
Camadas de tecido
Bala

FUNCIONAMENTO DO COLETE
Quando uma bala embate num conjunto de finas camadas fracamente aglutinadas, elas separam-se uma das outras numa área extensa. Isto requer energia que de outro modo teria aberto um orifício. Nos materiais compostos, delgadas fibras numa matriz de um material diferente podem produzir o mesmo efeito.

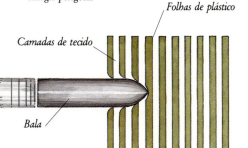

JOGO LENTO E SUAVE
Uma raqueta de ténis necessita de ser leve e rígida. Se se inclina demasiado quando a bola a atinge, perde-se energia e a pancada de retorno será fraca, enquanto uma raqueta mais pesada torna o jogador mais lento. As primeiras raquetas de ténis eram feitas em camadas de madeira, um composto natural, aquecidas a vapor e dobradas. Daqui resultavam raquetas razoavelmente rígidas mas bastante pesadas.

Tiras de vime entrelaçadas
Lama (argamassa) para envolver as tiras de vime

VIME E ARGAMASSA
Antigamente combinavam-se fibras naturais com lama ou gesso para fazer tijolos e outras partes de edifícios. Uma forma simples desta técnica era utilizar vime e argamassa. Cada material contribui com a sua força para compensar as deficiências do outro.

O cabo é enchido com espuma de plástico para melhorar o balanço

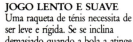
O metal é fundido após moldagem para se obter uma estrutura oca

MATERIAL INSUPERÁVEL
As fibras de carbono puro, obtidas por transformação das fibras de celulose em carvão vegetal, são mais duras do que qualquer outro material com o mesmo peso. Misturando-os com *nylon*, obtém-se um plástico duro, o que o torna um material insubstituível para equipamentos desportivos. Raquetas como esta são feitas moldando plástico à volta de um núcleo de metal que depois é fundido.

Selim de corrida estreito para liberdade de movimento
O quadro de fibra de carbono encontra-se moldado como se fosse uma casca oca
Não são necessárias mudanças numa pista de corrida
A roda traseira não tem raios, cortando a resistência do vento
Corrente
Manivela de liga leve e pedais

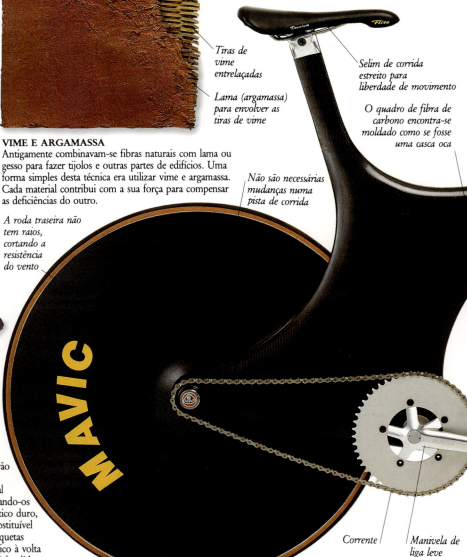

VIDRO PROTECTOR
O vidro laminado é um material simples. Consiste numa camada de plástico resistente colado entre duas camadas de vidro. O vidro protege o plástico de cortes e arranhaduras enquanto o plástico impede o estilhaçamento do vidro quando atingido por um projéctil. Todavia, a maioria dos aviões modernos usa chapa acrílica (pág. 27) porque o vidro é muito pesado.

Os aviões de combate da Segunda Guerra Mundial necessitavam de vidro à prova de bala

Bordo de ataque em plástico laminado
Zona central feita de espuma
O bordo de fuga com estrutura alveolar reduz o peso

PÁ DA HÉLICE DE UM HELICÓPTERO
Esta lâmina do rotor de um helicóptero é uma estrutura complexa que contém vidro e fibras de carbono. É mais densa na parte exterior, onde é sujeita a maior tensão; no interior contém espuma e estrutura alveolar para reduzir o peso, produzindo a rigidez necessária. As lâminas compostas vencem o problema da fadiga do metal, na qual os metais tendem a enfraquecer e a quebrar pelas sucessivas flexões que estas lâminas experimentam em funcionamento.

CADEIRA DE PLÁSTICO REFORÇADO COM VIDRO
Foi possível obter as curvas harmoniosas desta cadeira dos anos 60 devido a um material conhecido por fibra de vidro, apesar de este ser apenas um dos seus componentes. As fibras podem resistir a tensões, mas não a compressões e, portanto, são introduzidas numa matriz de plástico que fornece resistência à compressão, assim como confere uma superfície lisa e reluzente. O plástico não é particularmente forte, mas as fibras nele incrustadas têm uma grande resistência quando protegidas pelo plástico circundante, que evita a sua deformação. Qualquer fenda que se comece a abrir será rapidamente neutralizada e parada ao atingir uma fibra.

Superfície brilhante de plástico sem fibras
Fenda
A resina mantém as fibras juntas e pára o seu encurvamento
Fibras cortadas arranjadas de forma aleatória

Apoio para os braços
Punho do guiador
Os pneus estreitos reduzem a resistência ao rolamento
Os espaços permitem a passagem do vento quando a roda se encontra num determinado ângulo

COMPOSTOS DE FIBRAS
As fibras são muito resistentes, mas precisam de se apoiar e aderir mutuamente se vão formar produtos úteis. No vidro e carbono reforçados, os plásticos mantêm as fibras juntas e impedem-nos de estalar. Se se começa a formar uma fenda, a fibra desvia-a de forma a não se propagar ao longo do material, o que acabaria por quebrá-lo.

BICICLETA MEDALHA DE OURO
Esta bicicleta revolucionária, feita de um composto de fibra de carbono, levou o ciclista britânico Chris Boardman a ganhar nas Olimpíadas de 1992 os 4000 m perseguição em pista. Normalmente, os plásticos são demasiado flácidos para fazerem uma boa bicicleta, mas o novo material torna esta máquina mais resistente, leve e aerodinâmica. A estrutura de uma só peça, ou monocoque, é um melhor suporte do que o tradicional arranjo de tubos metálicos soldados. Construída para competição, a bicicleta não tem travões nem mudanças. A posição incómoda de condução reduz a resistência do vento ao avanço do ciclista.

Medidas

Cada semente de alfarroba tem sensivelmente o mesmo peso

A vagem da semente

SEMENTES
Em tempos remotos era difícil convencer os compradores de que o peso não tinha sido adulterado, de modo que eram frequentemente usadas sementes de alfarroba como medida. O seu peso não podia ser grandemente modificado sem prejuízo evidente.

Ouro de 18 quilates

MEDIÇÃO DE UM ANEL DE OURO
A percentagem de ouro numa liga é frequentemente expressa como o número de quilates por onça. Há 24 quilates numa onça, portanto o ouro de 24 quilates é o metal puro, enquanto o ouro de 18 quilates é apenas ¹⁸/₂₄ ou 75% de ouro.

UM CARRO É COMPOSTO POR CENTENAS DE PEÇAS feitas em diferentes países. Devido a rigorosas medições, estas peças chegam à fábrica e ajustam-se perfeitamente. Padrões universais de tamanho, posição, peso, propriedades eléctricas e até de cor (págs. 50-51) foram difundidos por todo o mundo, tornando desnecessário fabricar à mão, numa única oficina, dispendiosos produtos. As medidas na indústria vão muito mais além das capacidades da familiar fita métrica, relógios e balanças de cozinha. Durante 100 anos foram utilizadas peças mecânicas com uma precisão de até 0,025 mm. As peças ópticas apresentam desvios inferiores a 0,00025 mm da sua verdadeira curvatura, e no entanto têm menor custo quando são feitas ao milhar. A navegação pelo mar e pelo ar sofreu transformações pela posição global dos satélites lançados no espaço para orientar navios e aviões. Para que os rádios e satélites funcionem, o tempo deve ser medido dentro do limite de menos de um segundo por século, de modo a que não haja erros.

Litro padrão

Meio litro (500 ml) padrão

100 ml padrão

10 ml padrão

MEDIDAS MÉTRICAS
O sistema métrico foi introduzido em França, em 1795, durante a Revolução Francesa. Substituiu muitas medidas controversas de comprimento e massa, por apenas duas, o metro e a grama. Uma unidade separada, o litro, foi definida como o volume de 1 kg de água. Medidas como esta foram usadas no séc. XIX para assegurar exactidão nas medições de recipientes.

Contentor para a polegada cúbica

MEDIDA DE COBRE PARA DESTILARIA
Este jarro esplêndido foi fabricado em 1910 para vender bebidas alcoólicas por atacado. É uma de um conjunto que cobre quantidades que vão desde 2 galões (9 litros) a 1 pinto (0,6 litros). O volume está correcto quando se encontra cheio até à zona mais estreita. No interior do bico encontra-se o selo da cidade de Londres, certificando a sua precisão.

Polegada cúbica exacta (16,4 cm³)

Marca correspondente a meia jarda

POLEGADA CÚBICA
A tecnologia depende das medidas. Os projectistas têm de conhecer as propriedades dos materiais para que possam fazer cálculos viáveis. Este padrão rigoroso, feito de latão revestido de níquel, foi usado em 1889 pelo British Board of Trade para determinar o peso de uma polegada cúbica (16,4 ml) de água pura. A figura mostra um padrão com um tamanho 1,7 vezes maior do que o real.

JARDA DE BRONZE
O «sistema imperial» de medida foi inventado pelos romanos. Parte dele sobreviveu na Grã-Bretanha, e uma versão ligeiramente diferente é ainda usada nos Estados Unidos da América. O seu comprimento padrão é a jarda, que é dividida em 3 pés, cada um com 12 polegadas. A precisão desta jarda oficial é pequena se a compararmos com os modernos padrões, onde os comprimentos são definidos por raios *laser* (pág. 59), mas era razoável para a tecnologia do seu tempo.

Marca correspondente a uma polegada

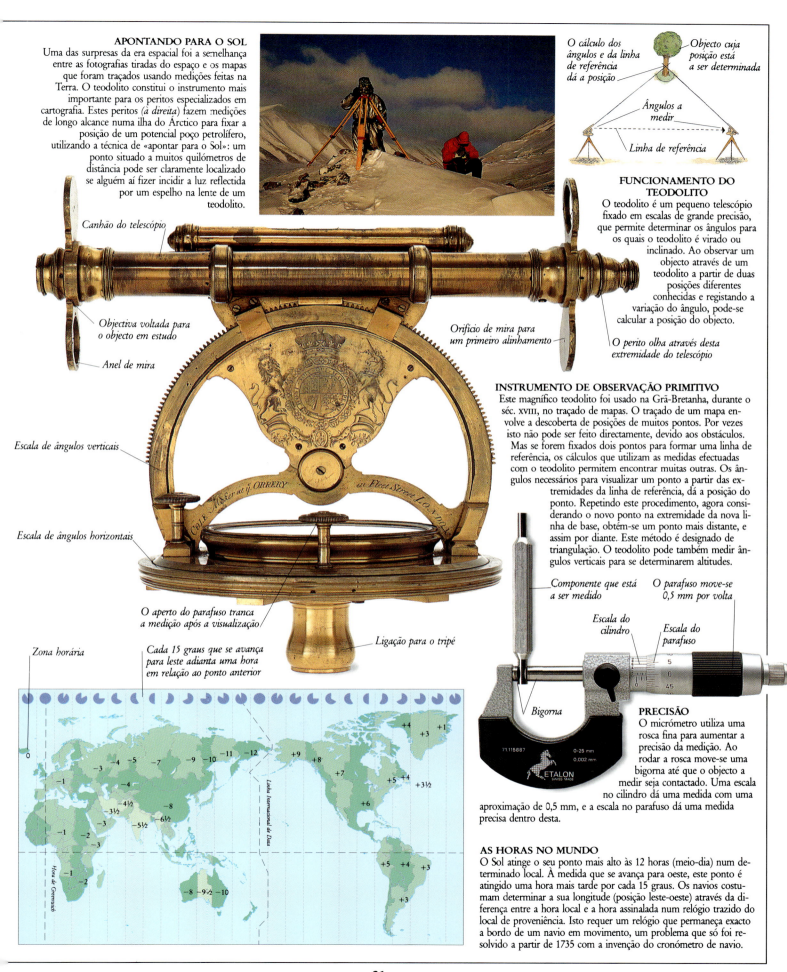

APONTANDO PARA O SOL
Uma das surpresas da era espacial foi a semelhança entre as fotografias tiradas do espaço e os mapas que foram traçados usando medições feitas na Terra. O teodolito constitui o instrumento mais importante para os peritos especializados em cartografia. Estes peritos (à direita) fazem medições de longo alcance numa ilha do Árctico para fixar a posição de um potencial poço petrolífero, utilizando a técnica de «apontar para o Sol»: um ponto situado a muitos quilómetros de distância pode ser claramente localizado se alguém aí fizer incidir a luz reflectida por um espelho na lente de um teodolito.

O cálculo dos ângulos e da linha de referência dá a posição
Objecto cuja posição está a ser determinada
Ângulos a medir
Linha de referência

FUNCIONAMENTO DO TEODOLITO
O teodolito é um pequeno telescópio fixado em escalas de grande precisão, que permite determinar os ângulos para os quais o teodolito é virado ou inclinado. Ao observar um objecto através de um teodolito a partir de duas posições diferentes conhecidas e registando a variação do ângulo, pode-se calcular a posição do objecto.

Canhão do telescópio
Objectiva voltada para o objecto em estudo
Anel de mira
Orifício de mira para um primeiro alinhamento
O perito olha através desta extremidade do telescópio
Escala de ângulos verticais

INSTRUMENTO DE OBSERVAÇÃO PRIMITIVO
Este magnífico teodolito foi usado na Grã-Bretanha, durante o séc. XVIII, no traçado de mapas. O traçado de um mapa envolve a descoberta de posições de muitos pontos. Por vezes isto não pode ser feito directamente, devido aos obstáculos. Mas se forem fixados dois pontos para formar uma linha de referência, os cálculos que utilizam as medidas efectuadas com o teodolito permitem encontrar muitas outras. Os ângulos necessários para visualizar um ponto a partir das extremidades da linha de referência, dá a posição do ponto. Repetindo este procedimento, agora considerando o novo ponto na extremidade da nova linha de base, obtém-se um ponto mais distante, e assim por diante. Este método é designado de triangulação. O teodolito pode também medir ângulos verticais para se determinarem altitudes.

Escala de ângulos horizontais
O aperto do parafuso tranca a medição após a visualização
Ligação para o tripé
Zona horária
Cada 15 graus que se avança para leste adianta uma hora em relação ao ponto anterior

Componente que está a ser medido
O parafuso move-se 0,5 mm por volta
Escala do cilindro
Escala do parafuso
Bigorna

PRECISÃO
O micrómetro utiliza uma rosca fina para aumentar a precisão da medição. Ao rodar a rosca move-se uma bigorna até que o objecto a medir seja contactado. Uma escala no cilindro dá uma medida com uma aproximação de 0,5 mm, e a escala no parafuso dá uma medida precisa dentro desta.

AS HORAS NO MUNDO
O Sol atinge o seu ponto mais alto às 12 horas (meio-dia) num determinado local. À medida que se avança para oeste, este ponto é atingido uma hora mais tarde por cada 15 graus. Os navios costumam determinar a sua longitude (posição leste-oeste) através da diferença entre a hora local e a hora assinalada num relógio trazido do local de proveniência. Isto requer um relógio que permaneça exacto a bordo de um navio em movimento, um problema que só foi resolvido a partir de 1735 com a invenção do cronómetro de navio.

Mecanismos engenhosos

BONECA DE ESCADA
Os mecanismos constituem uma forma de aproveitar a energia para os nossos objectivos. Uma escadaria permite-nos libertar a energia em pequenas quantidades controladas à medida que descemos. Este brinquedo utiliza as escadas, convertendo cada explosão de energia num movimento divertido. Os bonecos movimentam-se de uma forma humana porque o esqueleto humano, tal como nos bonecos, é constituído por alavancas articuladas.

NA ERA DA ELECTRÓNICA o movimento de peças tem uma importância primordial. Um computador pessoal é formado por vários motores que giram rapidamente. A impressora tem mais motores, mecanismos inteligentes adicionais que seguram o papel e formam nele a imagem. Os relógios electrónicos ainda têm ponteiros accionados por catracas — rodas dentadas que encaixam num dente de cada vez. Pensa-se erradamente que a roda tenha sido o primeiro mecanismo a ser inventado, mas as alavancas e as cunhas são bastante mais antigas. Todos os mecanismos são construídos por apenas alguns tipos de peças, que transmitem ou armazenam energia ou informação, permitem movimentos suaves, ou orientam o deslocamento. A potência pode ser transmitida com vantagem mecânica por alavancas, rodas dentadas e roldanas capazes de converter uma pequena força numa maior, transformando um grande movimento num menor.

MECANISMO DE UM RELÓGIO
Os relojoeiros foram os primeiros inventores e artífices a produzirem mecanismos complexos. O relógio de pêndulo, baseado nas teorias do astrónomo italiano Galileu Galilei (1564-1642), transforma o movimento oscilatório do pêndulo numa rotação regular dos ponteiros no mostrador do relógio.

Ponteiro
Roda de escapamento
As alavancas restringem e libertam a roda de escapamento ao mesmo tempo que o pêndulo oscila
O peso que cai conduz o mecanismo
A roda de escapamento mantém o pêndulo a oscilar

A gola da roldana sustém a corda
A corda anda à volta de apenas uma roldana
A corda roda à volta de ambas as roldanas
Pesos iguais
Peso elevado
Pequeno peso

CORDAS E ROLDANAS
A força resulta do esforço de compressão ou de tracção (págs. 20-21), enquanto a potência, o produto da força pela velocidade, descreve a rapidez com que um trabalho é executado. Um indivíduo não pode aumentar a sua potência, mas pode aumentar a força exercida numa carga, reduzindo a sua velocidade, usando roldanas. Puxando a corda para baixo, eleva a carga. Puxando a corda através de uma roldana simples, puxa a carga para cima com a mesma força e velocidade. Duas roldanas reduzem a metade a velocidade da carga, duplicando a força exercida para a elevar.

A tensão descendente é igual ao peso da carga
Primeira roldana
Segunda roldana
O peso representa a tensão exercida pelo utilizador
A carga é duas vezes superior à tensão exercida pelo utilizador

FUNCIONAMENTO DAS ROLDANAS
Com uma roldana, a carga move-se à mesma velocidade que o esforço na corda. Com duas roldanas, a carga move-se a uma velocidade igual a metade da velocidade a que a corda está a ser puxada. Como a força é igual à potência dividida pela velocidade, a força exercida na carga é duplicada.

A carcaça mantém os roletes limitados a este espaço
O diferencial é fixo à calha interior

32

TREM DE ATERRAGEM

Quando um avião aterra tem de perder uma grande quantidade de energia em muito pouco tempo. Isto é conseguido pelo trem de aterragem. Em primeiro lugar, molas mecânicas ou líquidas absorvem energia rapidamente por compressão. Quando as molas deixam de ser comprimidas esta energia é libertada novamente, mas de uma forma lenta e controlada num amortecedor — o segundo absorvedor de energia. Finalmente, os pneus absorvem energia, aquecendo durante o processo.

O amortecedor interior absorve o choque
O cilindro hidráulico recolhe as rodas
Mola hidráulica
Os pneus absorvem alguma energia
A roda é fixa à calha exterior

Corrente
O cabo das mudanças acciona o mecanismo
Cubo da roda
Conjunto de rodas dentadas
Desviador traseiro
Esticador
Subindo um monte
Em superfície plana
Roda dentada

MUDANÇAS

Tal como as roldanas, as rodas dentadas e a corrente de uma bicicleta trocam a velocidade pela força, mantendo o ciclista a pedalar dentro dos limites confortáveis e uma potência elevada. O mecanismo das mudanças permite mudar a corrente entre as rodas dentadas, de diferentes tamanhos, junto aos pedais e à roda traseira. Numa subida são seleccionadas duas rodas dentadas, uma pequena e dianteira, e outra grande na retaguarda, para reduzir a força que o ciclista necessita de fazer. Em superfícies planas usam-se duas rodas dentadas, mas agora uma grande à frente e outra pequena atrás, para evitar que o corredor tenha de pedalar muito depressa.

Lâmina
Came
Placa de abrir e fechar

Abertura grande   *Abertura média*   *Abertura pequena*

O DIAFRAGMA-ÍRIS

Tal como o olho, a câmara precisa de um meio para controlar a luz. O olho consegue-o por intermédio da íris (a parte colorida) para variar o tamanho da pupila no seu centro. O diafragma-íris da câmara imita esta acção com um mecanismo chamado came. Um came é uma peça rotativa com uma superfície trabalhada, utilizada para dar à outra parte um movimento particular que não pode ser produzido por simples engrenagens ou alavancas.
O diafragma é formado por seis lâminas iguais. Cada uma delas move-se da mesma forma para bloquear a luz à medida que a abertura diminui. As lâminas têm de se mover de forma que quando o anel de ajustamento roda de um valor de abertura para o próximo, a área da abertura é duplicada ou é reduzida a metade. As aberturas curvas no anel interior actuam como cames para dar o movimento requerido. Devido aos arranjos simétricos das lâminas, o resultado é uma abertura variável.

Calha exterior
Carcaça do rolamento
Rolete
Corrediça interior

O plástico dobra-se aqui para formar uma articulação
A abertura da tampa emite um estalido devido à mola de plástico

CHUMACEIRAS

As chumaceiras como esta são usadas em rodas para reduzir a fricção. A parte exterior da chumaceira é fixa na roda e a parte interior no seu eixo. Sem a chumaceira a roda produziria fricção no eixo e aqueceria muito. Com a chumaceira no lugar, a roda gira nos roletes, enquanto estes rodam no eixo. Mas existem ainda superfícies de atrito: para manter os roletes no lugar, eles deslizam no interior de uma calha. Mas como estas superfícies deslizantes não se destinam a suportar o peso do veículo, existe uma pequena tensão.

GARRAFA QUE PRODUZ UM ESTALIDO

É necessário energia para esticar uma mola e esta energia pode realizar trabalho útil. Ao levantar a tampa desta garrafa uma parte do plástico é esticada, e actua como uma mola, produzindo um estalido quando se fecha ou abre a garrafa. Mecanismos que apenas podem ter duas posições são a base de muitos aparelhos, como o interruptor da luz.

A fábrica

O OBJECTIVO DE UMA FÁBRICA era reunir grupos de trabalhadores em torno de poderosas máquinas que podiam produzir artigos anteriormente feitos à mão. O trabalho na fábrica permitia aos trabalhadores uma melhor organização, com menos tempo gasto entre diferentes tarefas. Isto conduziu ao sistema de produção em massa de Henry Ford (pág. 42), ainda usado nos nossos dias. Apesar dos primeiros proprietários de fábricas não serem generosos, os trabalhadores conseguiam ganhar mais do que em casa ou numa quinta, e o trabalho na fábrica tornou-se o ganha-pão da maioria das pessoas.

OLEIRO INGLÊS
Josiah Wedgwood (1730-1795) encontra-se entre os primeiros a organizar os seus trabalhadores para uma produção eficiente. Instalou o primeiro engenho a vapor numa fábrica e desenvolveu também vários tipos de cerâmica, singularmente bonitos, como a famosa faiança de Wedgwood.

Faiança de Wedgwood (1994)

Sino para convocar os trabalhadores
As engrenagens transmitem potência às outras secções da fábrica
Figuras decorativas feitas à mão
Tear em funcionamento
A água flui por baixo da fiação fazendo girar a roda

Modelo de uma roda de água numa fiação de algodão do séc. XVIII

A POTÊNCIA DA ÁGUA
Foi a água que levou a Revolução Industrial no séc. XVIII a criar as fábricas que fizeram o mundo moderno. A água, correndo através de rodas como esta, fornece a potência para o funcionamento das máquinas de fiar e teares nas fábricas têxteis. A água canalizada providencia um sistema de transporte muito melhor do que as estradas cheias de sulcos. Progressos como este tornaram as fábricas inevitáveis. Os homens de negócios que podiam reunir trabalhadores para tirarem proveito das novas invenções puseram rapidamente de parte os rivais menos aventureiros. No séc. XVIII, tal como actualmente, foi o acesso à energia e comunicações que decidiu o sucesso ou o fracasso.

POTÊNCIA PARA AS OLARIAS
Estes «fornos-garrafa» do séc. XIX (assim designados devido à sua forma) pertencem a um tipo que ainda se utilizava no início do nosso século. Queimava-se combustível por baixo de um chão de tijolo onde estavam os objectos de barro. A existência de buracos no chão permitia aos gases quentes da combustão cozer os objectos e libertarem-se pela chaminé. Carregar, queimar e descarregar são processos que levam dias. Este modo de usar o combustível era muito dispendioso.

KARL MARX (1818-1883)
O desenvolvimento das fábricas conduziu ao nascimento de uma classe capitalista — gente que arriscou nas novas fábricas. Se fossem bem sucedidos tornar-se-iam ricos com o trabalho dos seus empregados. No seu livro de 1867, *O Capital*, o pensador alemão Karl Marx determinou que o capitalismo podia aumentar a riqueza material, mas também podia criar ressentimentos, e como tal não podia durar. Ele inspirou a revolução comunista do séc. XX.

ARSENAL VENEZIANO
Os princípios da produção organizada foram entendidos muito antes de se terem estabelecido as fábricas. Numa linha de produção moderna, a tarefa vem ter com o trabalhador, que repete constantemente a mesma operação. Mas a ideia pode ser invertida, com o trabalhador em movimento e a tarefa no mesmo sítio. Era este o processo utilizado no estaleiro medieval em Veneza, Itália, que lhe permitia manter a grande produção de navios necessários nas guerras que ocuparam estados rivais durante séculos, antes da Itália se tornar unificada. Quando os navios se deslocavam finalmente para o canal, eram carregados com provisões das janelas do arsenal, ficando prontos a navegar em 24 horas.

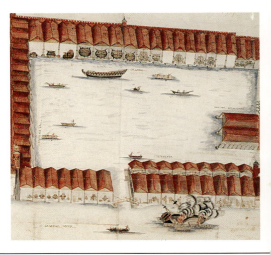

Mecanização do trabalho

O trabalho começou a ser mecanizado em meados do séc. XVIII, após milhares de anos de trabalho feito exclusivamente à mão. O progresso da ciência e da matemática na compreensão da natureza convidava as pessoas a experimentarem novas ideias. Alguns proprietários de fábricas iniciaram métodos aperfeiçoados de fabrico, usando máquinas que funcionavam com a potência da água. Os primitivos ofícios de fiação e tecelagem foram os primeiros a serem desenvolvidos. As novas máquinas depressa conduziram à produção em série de vestuário (págs. 38-39), tornando as roupas de lã e algodão bastante mais baratas.

FABRICO DO FIO
A fiação é o processo pelo qual as fibras de lã e algodão são torcidas em conjunto para formar o fio ou linha usados para tecer a roupa. Antes da mecanização, este trabalho era feito à mão com a ajuda de um fuso. Uma mão roda a extremidade inicial do fio, a partir da qual o fuso é suspenso, de modo que as fibras de um feixe seguras na outra mão são puxadas e torcidas. Este processo lento e irregular tornou-se obsoleto com a introdução da roca, proveniente da Índia, por volta do séc. XIII.

O FILATÓRIO
O tear hidráulico, inventado pelo pioneiro têxtil inglês Richard Arkwright (1732-1792) em 1769, levou à mecanização da fiação, iniciada pela tradicional roca, acrescentando mais duas fases. Fiava o fio através de um mecanismo semelhante ao da roca (operando verticalmente em vez de horizontalmente) e, também, mecanizava a entrada de fibra não fiada. Foi concebido para trabalhar aproveitando a potência da água. Estas duas inovações significaram que a fiação podia ser feita rapidamente por alguém sem muita experiência.

O rolete puxa o fio que vai ser fiado

Fio parcialmente fiado

Espora em forma de arco roda para fiar o fio

Bobina para o fio final

A roldana transmite potência

As fibras são penteadas com os dedos e enroladas à medida que o fuso roda

O fuso roda

O peso estica o fio e mantém o fuso a rodar

FÁBRICA ACCIONADA A CORREIAS (1900)
A potência nesta fábrica têxtil alcança os teares através de correias de couro accionadas por cabos com o comprimento do edifício. As correias partem-se frequentemente, gastando energia e causando prejuízos. No início do séc. XX, foram instalados geradores eléctricos e motores nalgumas fábricas, tornando-as mais seguras e mais eficientes.

AUMENTAR A VELOCIDADE E DIMINUIR OS CUSTOS
Uma das formas de acelerar as operações é processar muitos artigos simultaneamente. Um alfaiate que faz um fato para um cliente individual, corta peças de roupa únicas. Esta fábrica, que confecciona roupas para vender em série, corta-as às centenas usando um feixe de raios *laser*. O *laser* (págs. 58-59), dirigido por um computador que contém uma descrição digital das formas requeridas, pode cortar através de muitas camadas de tecido sem as deformar.

Motores térmicos

COMO FUNCIONA UM FOGUETE
Quando um foguete «empurra» o seu combustível a arder, para trás e para fora, o próprio foguete é impulsionado para a frente.

O CALOR E O MOVIMENTO DOS OBJECTOS são formas de energia. Um motor térmico converte um no outro. Esta proeza foi inicialmente efectuada em larga escala pelo engenheiro britânico Thomas Newcomen (1663-1729) em 1712, que produziu um motor a vapor para bombear água. As turbinas a vapor (máquinas movidas a vapor empurrando pás de ventiladores) levam actualmente os geradores eléctricos a fornecer a maior parte da energia do mundo. Um motor térmico é avaliado pela percentagem de calor que converte em trabalho e pela potência que fornece relativamente ao seu peso. O calor pode ser convertido directamente em trabalho, queimando o combustível contido nas partes móveis do motor, como no motor de combustão interna e no motor a jacto.

PRIMEIROS MOTORES A VAPOR
Os motores a vapor tornaram-se suficientemente leves e poderosos para accionarem rodas, em superfícies especiais, planas e polidas — os caminhos de ferro. A primeira locomotiva fez a sua viagem inaugural em 1801, mas foi o *Rocket* de 1829, construído pelo engenheiro britânico Robert Stephenson (1803-1859), que confirmou que os caminhos de ferro seriam viáveis.

MOTOR DE COMBUSTÃO INTERNA
Um motor a vapor trabalha em duas fases: uma combustão numa caldeira produz vapor, o qual se expande em seguida para realizar trabalho. Em meados do séc. XIX faziam-se experiências com motores mais pequenos e mais eficientes que produziam vapor colocando a fonte de calor no interior do cilindro. Existiam alguns problemas para encontrar um combustível adequado, colocá-lo no interior do motor e queimá-lo. Estes problemas foram resolvidos pelo engenheiro alemão Nikolaus Otto (1832-1891). Ele construiu o primeiro motor a gasolina em 1861, ao qual se seguiu, em 1876, o motor de «quatro tempos», o antepassado do moderno motor de automóvel. Otto usou uma faísca eléctrica para a ignição da mistura de combustível e ar. Em 1893 outro engenheiro alemão, Rudolph Diesel (1858-1913), produziu um motor no qual a mistura explode ao ser comprimida. Os motores a *diesel* são mais pesados, mas mais seguros e económicos do que os motores a gasolina.

A árvore de cames controla as válvulas
Cambota põe o êmbolo em rotação

Árvore de cames
O segmento veda o êmbolo para evitar a fuga dos gases
Entrada de ar
A válvula permite a entrada de combustível e de ar e a saída dos gases de escape
Alternador
A correia leva o alternador a fornecer electricidade para acender a vela de ignição
Vareta de imersão para verificar o nível do óleo
O cárter é enchido com óleo para reduzir a fricção
O óleo é bombeado para dois cilindros para lubrificar os êmbolos
Válvula de escape

FUNCIONAMENTO DE UM MOTOR A GASOLINA
A maioria dos motores usa o ciclo de «quatro tempos», e um motor de quatro cilindros dispara duas vezes por revolução. Cada cilindro opera descompassado dos outros para dar um andamento mais suave.

Válvula de admissão — *Pistão* — *Cambota*
O sistema de ignição provoca uma faísca — *Vela de ignição* — *Válvula de escape*
Pistão — *Biela*
Os gases quentes expandem-se e empurram o êmbolo para baixo

1 ADMISSÃO
Quando o êmbolo é puxado para baixo pela cambota, a válvula de admissão abre-se pelo came do eixo de cames, e o ar é arrastado através de um filtro de ar. Uma quantidade de combustível precisa é injectada para a corrente de ar sob controle electrónico.

2 COMPRESSÃO
Na próxima meia revolução da cambota, ambas as válvulas estão fechadas. O êmbolo é empurrado para cima, comprimindo a mistura de combustível e ar. Assim que o êmbolo atinge o topo, o sistema de ignição origina uma alta voltagem através da vela provocando uma faísca.

3 EXPLOSÃO
A faísca provoca a explosão da mistura de combustível e ar, que arde instantaneamente, causando uma rápida subida de temperatura. É neste ponto que a energia calorífica é convertida em energia mecânica: o êmbolo é forçado para baixo, fazendo rodar a cambota.

4 ESCAPE
A válvula de escape abre e a cambota, conduzida pela energia armazenada num volante pesado (e também por outro cilindro num motor policilíndrico), empurra outra vez o êmbolo. Isto expele os gases queimados.

«BALA» JAPONESA

Os comboios utilizam muito menos energia do que os automóveis para transportar as pessoas. Muitos dos comboios modernos são eléctricos, mas a sua potência provém ainda de um motor térmico, que se encontra numa estação geradora situada a muitos quilómetros de distância. Este comboio eléctrico, popularmente conhecido como a «Bala», viaja entre Tóquio e Osaca, na rede ferroviária de alta velocidade do Shinkansen japonês, que foi instalada no princípio dos anos 60 para providenciar um transporte de passageiros mais rápido. A sua velocidade máxima é de 210 km/h e desloca-se numa pista especialmente construída para ele. O TGV francês *(Train a Grande Vitesse)* é ainda mais veloz, mas precisa de uma pista quase recta. Na Grã-Bretanha, os comboios deslocam-se a mais de 200 km/h em carris vulgares.

MOTOR A JACTO *(em baixo)*

Num motor a jacto, o combustível é misturado com ar, comprimido, queimado e descarregado num processo contínuo e suave. Não existem êmbolos em movimento de vaivém para o desacelerar. No tipo mais simples, o turbojacto, todo o trabalho mecânico é feito pelos gases quentes que reagem em sentido contrário, empurrando o motor para a frente, como num foguetão. O turbofan, o tipo de motor usado actualmente na maior parte dos aviões de passageiros, tem um grande ventilador na frente que faz circular ar à volta da parte exterior do reactor. Este ar ajuda a impulsionar o avião para a frente e elimina o rápido fluxo de escape, tornando o engenho mais eficiente e muito menos ruidoso.

FRANK WHITTLE (1907-)

O engenheiro aeronáutico britânico Frank Whittle tinha apenas 23 anos quando registou a patente do motor a jacto. Era piloto da Royal Air Force, e foi-lhe difícil convencer os seus superiores que a sua ideia extraordinária podia funcionar. Mas ele sabia que os aviões da época eram limitados pelos seus motores, que perdiam potência a elevadas altitudes. O jacto prometia alta velocidade a altas altitudes e, em 1936, Whittle fundou uma empresa para o desenvolver. Por volta de 1944 foi colocado um motor a jacto num avião de guerra — demasiado tarde para ter algum efeito na Segunda Guerra Mundial (1939-1945).

ALTA COMPRESSÃO

Ao contrário do foguetão, o jacto «respira» ar. Para tal, ele necessita de pás curvas montadas num eixo rotativo que aspiram e lançam o ar na câmara de combustão para ser misturado com o combustível. No mesmo eixo encontra-se uma turbina a gás. Os gases do combustível queimado empurram outras ventoinhas, que rodam o eixo e mantêm o compressor em funcionamento.

Produção em série

ENGENHEIRO DA PRODUÇÃO EM SÉRIE
O engenheiro americano Eli Whitney (1765-1825) foi um dos primeiros a fazer produtos — mosquetes para o governo americano — com peças tão exactas que eram completamente substituíveis.

EXISTEM DUAS FORMAS DE FABRICO. Ou o trabalhador faz a totalidade do artigo a produzir, ou este é feito por vários trabalhadores, executando cada um deles uma determinada operação. Esta segunda via é designada por produção em série. Se a manufacturação for dividida em várias fases, pode ser executada por máquinas ou por trabalhadores menos especializados. As máquinas repetem uma simples operação continuamente sem pausas; os trabalhadores, repetindo uma simples tarefa, aprendem a trabalhar depressa. Mas este tipo de organização significa que as pessoas não têm nunca a satisfação de fazer um artigo completo. Quanto aos engenheiros, têm de assegurar uma precisão elevada para todas as peças se ajustarem. Em tecnologia, foi a pressão militar que criou, muitas vezes, a necessidade de aperfeiçoar as técnicas, como aconteceu com Eli Whitney, o qual foi contratado para fazer 10 000 mosquetes para o exército americano. As peças tinham de ser rigorosas de modo que qualquer uma se pudesse ajustar a qualquer mosquete.

MOLDAÇÃO DO COMPONENTE DE UMA BOMBA
Os plásticos moldados por injecção são ideais para a produção em série. Após o fabrico do molde, a mesma peça pode ser reproduzida milhares de vezes com uma excelente precisão. Podem ser moldadas formas complexas usando ferramentas com partes móveis. No caso das peças de pequeno tamanho podem-se moldar várias ao mesmo tempo. As peças moldadas por injecção sob pressão podem ser reconhecidas por um defeito no local onde o plástico foi injectado (geralmente na parte inferior, coberta por um rótulo ou inscrição) e por «linhas de testemunho» que mostram os locais onde as várias partes do molde foram juntas.

FUNCIONAMENTO DA MOLDAÇÃO POR INJECÇÃO
Os grânulos de plástico são fundidos no tambor e empurrados pelo parafuso rotativo. À medida que a pressão aumenta no bocal, o parafuso é forçado no sentido inverso. Quando se acumula uma quantidade suficiente de plástico o parafuso é empurrado rapidamente para a frente, lançando o plástico quente no molde frio, onde solidifica.

Guia para mover as peças do molde

UM PAR DE MOLDES
Este instrumento de precisão foi desenhado com a ajuda de um computador (pág. 55) e construído à mão por ferramenteiros especializados. Pode fazer 40 componentes de bombas por hora. São as pessoas que fazem estas ferramentas que de facto criam as formas dos milhões de produtos que nos são familiares — o resto do sistema apenas os reproduz.

Identificação do modelo

As hastes de referência orientam a junção das duas metades do molde

As duas metades do molde são pressionadas uma contra a outra e depois afastadas

Haste de referência

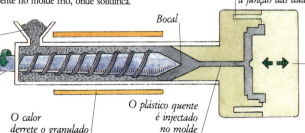

Os grânulos são alimentados pela tremonha

O parafuso roda para empurrar o plástico em direcção ao molde

O calor derrete o granulado

Bocal

O plástico quente é injectado no molde

Engenharia de precisão

King Gillette comercializou, em 1903, pela primeira vez uma navalha de barbear, com uma lâmina concebida para ser descartada após uso. Desde então a ideia do «usar e deitar fora» expandiu-se a numerosos artigos desde a caneta esferográfica até à máquina fotográfica. É o rigor da engenharia que faz funcionar este sistema permitindo que os componentes sejam produzidos a baixo custo. Mas deitar fora materiais valiosos pode ter contrapartidas (págs. 62-63)

NAVALHA DE BRONZE
Esta navalha foi feita por volta do ano 500 a. C., muito antes da produção em série. É formada por uma grande quantidade de metal, e teria levado algum tempo a ser fabricada por um trabalhador especializado.

Bordo cortante

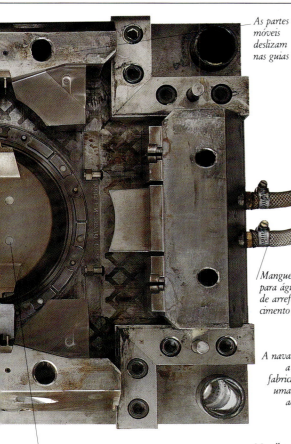

As partes móveis deslizam nas guias

Mangueira para água de arrefecimento

A navalha para a barba é fabricada com uma peça de aço sólido

O pino do ejector empurra o objecto final do molde

A peça de metal maciço garante a exactidão

O acabamento da superfície é cuidadosamente controlado para produzir moldes brilhantes ou baços

Haste angulada obriga as partes a moverem-se em conjunto à medida que o molde se fecha

Navalha de barba

Cobertura de segurança articulada

Dispensador de plástico para inserção segura

Lâmina de dois fios

Navalha de segurança

Quando a lâmina deixa de cortar deita-se fora todo o conjunto

O fio da lâmina fica de fora

A pega roda para abrir a cobertura

Lâmina descartável

BARBEAR SEGURO
A vaidade e as convenções levam a maioria dos homens a barbearem-se todos os dias. Até 1905 esta tarefa era executada com uma perigosa navalha, que passava de pai para filho. Em 1895 Gillette patenteou a sua lâmina de barbear revolucionária, uma lâmina descartável, que evitava ao utilizador o trabalho de afiar a lâmina. A lâmina Bic totalmente descartável foi lançada em 1975.

O cão acende o cartucho fazendo-o detonar

Carregador onde se colocam as balas

Cano

Mira

Punho de borracha vulcanizada

Gatilho

REVÓLVER COLT
O revólver *Colt Peacemaker*, inventado em 1837 pelo fabricante americano Samuel Colt (1814-1862), foi provavelmente o primeiro produto fabricado em série comprado pelo público. Colt contou com a ajuda de Eli Whitney (pág. 38) para montar uma linha de produção na qual as peças soltas eram reunidas.

Esferográfica Bic

BARON BICH (1914-1994)
Em 1949 o comerciante francês Baron Marcel Bich fundou uma pequena empresa, retirando ao seu nome o «h» final para criar uma marca registada. Após negociações prolongadas com o inventor húngaro da esferográfica, Ladislao Biro (1899-1985), lançou finalmente a famosa caneta Bic de «deitar-fora» em 1953. A sua forma simples permitiu a produção de mais de 10 000 canetas por dia. Em cerca de três anos este número havia subido para um quarto de milhão e actualmente são compradas milhões de Bics (e deitadas fora) em cada dia.

Artigos domésticos

LAVANDO LOIÇA
Depois de aquecer ela própria a água, esta criada doméstica tinha que lavar a loiça sem o benefício dos detergentes modernos.

Quando a tecnologia criou o vestuário e casas para viver, criou também um interminável número de tarefas para as manter. Limpar, cozinhar, acender a lareira e os candeeiros eram novas tarefas e, na maior parte das sociedades, era a mulher que executava esses trabalhos. Apesar desta situação se ter vindo a modificar gradualmente, ela ainda persiste nos nossos dias. Actualmente as máquinas fazem a maior parte dos trabalhos árduos como a limpeza do chão e a lavagem da roupa, mas os padrões de higiene subiram também, o que aumentou substancialmente o trabalho doméstico. Dois grandes avanços melhoraram a vida doméstica actual — os sistemas de esgotos do séc. XIX, que permitiram o crescimento das cidades sem a ameaça de doenças, e, no início do séc. XX, a energia eléctrica, que possibilitou uma boa iluminação e as máquinas eléctricas que aliviaram ou substituíram o trabalho das donas de casa.

ACÇÃO CICLÓNICA
Os modernos materiais tornaram possível adaptar a poderosa maquinaria industrial às nossas casas. O aspirador ciclónico é em parte um aspirador de vácuo e em parte tornado. A sujidade é retirada e armazenada por meio de uma poderosa corrente de ar. Em vez de passar através de um saco poroso, o ar é obrigado a rodar a alta velocidade, rodopiando o pó com ele. Numa câmara interior cónica, o movimento do ar abranda de forma a deixar cair a sujidade numa caixa, que, ao contrário de um saco de um aspirador de vácuo, não fica obstruída.

A sujidade é aspirada pelo ar em movimento giratório

O ar diminui de velocidade e deixa cair a sujidade

A sujidade é removida e aspirada

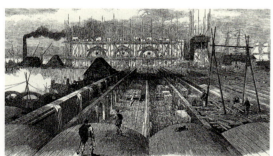

SISTEMA DE ESGOTOS
Se não existisse a tecnologia não seria possível viver nas cidades. Entre 1832 e 1854, três epidemias de cólera mataram em Londres cerca de 20 000 pessoas. Estas contraíram a doença por ingestão de água contaminada pelo esgoto libertado no rio Tamisa. Em 1858 foi iniciado um trabalho de despoluição em enormes canos que conduziam os despejos em direcção à foz do rio, onde as correntes os arrastavam até ao mar. O projecto foi concluído em 1875. Envolvia a drenagem de 60 km² de pântano e a construção de três grandes estações de bombeamento, uma delas representada aqui *(em cima)* na fase de construção.

ASPIRADOR DE FOLE DE VÁCUO
Este aspirador de vácuo do início do séc. XX necessitava de duas pessoas para funcionar — uma para encher o fole e outra para o conduzir. Por volta dos anos 30, com a construção das centrais eléctricas e redes de cabos, muitas casas possuíam energia eléctrica. Os aspiradores de vácuo eléctricos tornaram-se possíveis, mas sem os modernos materiais como os plásticos teriam permanecido pesados, toscos e dispendiosos.

Pega

Cabo bobinador para guardar o fio eléctrico

Tubo utilizado em sítios de difícil acesso

Pega transportadora

A pega de madeira põe o fole em funcionamento

Caixa onde se acumulam as maiores partículas de sujidade

Cabo bobinador

Cabeça do aspirador onde se encontra uma escova

O fole bombeia o ar

A sujidade é sugada pelo tubo

Iluminação caseira

Foram usados no séc. XIX gás e petróleo na iluminação das casas. Ambos davam uma luz baça e eram perigosos. Com a descoberta do filamento eléctrico ao rubro-branco não inflamável, as outras fontes de luz foram postas de lado. As primeiras lâmpadas eléctricas possuíam filamentos de carbono no vácuo, mas por volta de 1913 apresentavam filamentos de metal mais brilhantes e eram enchidas com gás inerte para evitar que o filamento atingisse o ponto de ebulição e rebentasse.

Fios eléctricos dentro dos painéis

Ornamentação influenciada pelas Artes e Ofícios, movimento dos anos 90 do século passado

Corpo em folha de aço

O interruptor controla os elementos térmicos

QUEIMANDO UMA VELA
Muito pouca da energia retida pela vela de cera se transforma em luz. Contudo, um candeeiro moderno é uma elaborada peça de tecnologia. A cera e o pavio estão perfeitamente combinados, de modo que toda a vela arde sem deixar nenhuma cera por derreter.

O pavio é continuamente queimado, mantendo-se o tamanho constante

LAMPIÃO
As lâmpadas de óleo substituíram as velas quando se encontrou um óleo conveniente para elas. Este lampião usa parafina, um óleo leve produzido por destilação do petróleo, o qual foi descoberto nos Estados Unidos por volta de 1860.

A torcida de pano alimenta a chama

O vidro evita que a chama saia

Reservatório de óleo

LÂMPADA ELÉCTRICA DE EDISON
Thomas Edison (1847-1931) nos Estados Unidos e Joseph Swan (1828-1914) na Grã-Bretanha produziram lâmpadas eléctricas no mesmo ano, em 1879. As novas lâmpadas estavam à venda por volta de 1881. O filamento era de carbono e o ar retirado da lâmpada por meio de uma bomba para parar a combustão do carbono. As lâmpadas não eram muito brilhantes, mas representaram um grande progresso para a época.

Rosca de encaixar desenhada por Edison

Filamento de carbono feito de bambu

Vácuo no interior da lâmpada

Saliência por onde foi sugado o ar

LÂMPADA ELÉCTRICA MODERNA
Esta moderna lâmpada eléctrica incandescente dura duas vezes mais e dá uma luz quatro vezes mais intensa do que a primeira lâmpada eléctrica de Edison (à esquerda). O metal usado no filamento é o tungsténio, que funde a uma temperatura mais elevada do que qualquer outro. A lâmpada é cheia com árgon, um gás inerte, produzido por destilação de ar liquefeito. O filamento é enrolado em espiral, para concentrar o seu calor e aumentar a eficiência.

Protecção de plástico encobre a base de metal

Lâmpada cheia de árgon

Filamento de tungsténio enrolado em serpentina

IMITAÇÃO ELÉCTRICA
A vida doméstica sofreu uma grande reviravolta entre 1900 e 1930: o trabalho executado pelos criados foi substituído por aparelhos eléctricos de todos os tipos. Algumas pessoas queriam que os seus novos utensílios se assemelhassem o mais possível com os antigos. Portanto, apesar deste antigo aquecedor eléctrico não necessitar de ninguém para o atiçar, foi concebido de forma a se parecer com um antigo fogão.

Broca de madeira

Invólucro de plástico leve

O mandril segura a broca

BROCA ELÉCTRICA
A primeira broca eléctrica portátil foi fabricada em 1917. Pesava 11 kg. Esta broca moderna pesa 1,5 kg. Os materiais modernos — melhor ferro e isolamento para o seu motor, e uma caixa de plástico leve e rugoso — tornaram isto possível. Mais recentemente, uma tecnologia melhorada da bateria permitiu fazer brocas sem fios de ligação. Apesar da broca eléctrica queimar combustível precioso em cada buraco que faz, muita gente considera este facto como uma parte indispensável do «faça-você-mesmo». Com estas ferramentas pode-se trabalhar mais rapidamente, fazendo vários trabalhos em casa em vez de se contratar alguém para os fazer.

LÂMPADA FLUORESCENTE COMPACTA
Uma lâmpada fluorescente tem um funcionamento diferente do de uma lâmpada eléctrica vulgar. Uma descarga eléctrica através de vapor de mercúrio emite luz ultravioleta, a qual forma uma película brilhante e incandescente no interior do tubo. Isto dá uma luz cerca de quatro vezes mais intensa do que uma lâmpada eléctrica vulgar com a mesma voltagem. Na sua forma usual a lâmpada é grande e precisa de um forte mecanismo de arranque, mas usando a electrónica para aumentar a frequência eléctrica (o número da voltagem inverte-se por segundo) de cerca de 50 para 50 000, podem-se fazer lâmpadas bastante mais pequenas. Com o tubo dobrado para se adaptar a aparelhos de iluminação já existentes, as casas podem ser iluminadas por uma fracção do custo normal.

Com uma lâmpada vulgar a corrente eléctrica seria três vezes superior a este valor

Tubo fluorescente dobrado

Os dispositivos electrónicos encontram-se na base

Casquilho de lâmpada comum

Tecnologia automóvel

CARRUAGEM A VAPOR
Os motores a vapor que se deslocavam nas vias férreas transportavam pessoas e bens 50 anos antes do automóvel. Nos anos 50 do século passado, com a melhoria dos materiais e um melhor conhecimento dos princípios científicos, foi possível fazer veículos de estrada movidos a vapor.

A FORMA EXTERIOR DO AUTOMÓVEL pouco mudou em 100 anos, desde as primeiras «carruagens sem cavalos» com motor a gasolina, que se deslocavam ruidosamente em estradas concebidas para veículos movidos por cavalos. Mecanicamente, o automóvel encontra-se sempre em aperfeiçoamento. Para fazer um carro funcional, é necessária uma fonte de energia portátil. Inicialmente foram usados motores a vapor e motores eléctricos, mas nenhum deles era ainda conveniente: o motor a vapor era muito pesado e de difícil arranque, e o motor eléctrico ardia. Foi o motor de combustão interna (pag. 36) — assim designado porque o combustível arde no seu interior, e não no exterior como num motor a vapor — que efectivamente deu início à revolução automóvel. Desde então, o desenvolvimento tem sido gradual, mas contínuo. Em cada ano que passa vêem-se modelos aperfeiçoados, mais veículos nas estradas, e mais estradas para circularem. Nas regiões populosas começa-se a notar falta de espaço, e as fontes de combustível correm o risco de se esgotar. Existem também problemas de segurança, pois os acidentes de viação matam milhares de pessoas por ano.

HENRY FORD (1863-1947)
Henry Ford foi o engenheiro americano que, em 1908, revolucionou o transporte pessoal com o seu *Modelo T*, o primeiro automóvel acessível a qualquer pessoa. Ford não foi o primeiro a produzir carros numa linha de montagem, onde cada trabalhador executava a mesma operação em cada automóvel — este sistema foi introduzido por Fiat em 1912. Mas a sua política de *designs* simples e constantes reduções de preços depressa tornaram a sua empresa uma líder mundial. Nesta fotografia Ford aparece num automóvel que não chegaria a competir com os seus.

O MODERNO CARRO DE LUXO
A empresa automóvel japonesa Toyota entrou no mercado dos carros de luxo com o *Lexus* em 1992. O desenho básico do motor, caixa de mudanças, porta-bagagens e habitáculo foi estabelecido há 70 anos. A diferença reside nos pormenores e no uso crescente de tecnologia electrónica. O motor e muitos outros sistemas encontram-se sob controle electrónico, enquanto a caixa de mudanças automática torna a condução mais fácil.

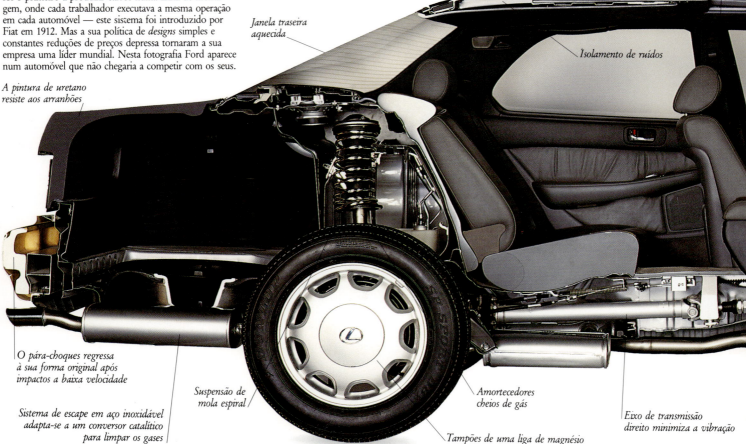

O desenho cuidadoso dos lugares e controles, ambos com baixos níveis de ruído, reduz a fadiga em grandes viagens

Janela traseira aquecida

Isolamento de ruídos

A pintura de uretano resiste aos arranhões

O pára-choques regressa à sua forma original após impactos a baixa velocidade

Sistema de escape em aço inoxidável adapta-se a um conversor catalítico para limpar os gases

Suspensão de mola espiral

Amortecedores cheios de gás

Tampões de uma liga de magnésio

Eixo de transmissão direito minimiza a vibração

Compartimento do motor e da bagagem

Pára-brisas de grandes dimensões

O carro é impelido para a frente num carril

Manequim

A almofada (airbag) enche-se de ar

A zona amolgada absorve energia

Parede de betão sólido

A CONCEPÇÃO DE MADEIRA

Os projectistas *(designers)* têm experimentado as várias permutações do motor, rodas e lugares, desde que apareceram os primeiros automóveis. São sempre construídos vários modelos de tamanho natural durante a fase de projecto de qualquer carro novo, geralmente de argila por cima de uma estrutura de madeira, de modo a que o projecto possa ser avaliado e aperfeiçoado. O arquitecto francês Le Corbusier (1887-1965) concebeu este excêntrico modelo nos anos 20. O carro de Le Corbusier nunca passou a fase da maqueta de madeira, apesar de ter uma certa semelhança com o *Citroën 2 CV*, um carro que foi muito popular em França até se ter cessado a sua produção nos anos 80.

PADRÕES DE SEGURANÇA

Infelizmente os carros sofrem acidentes e os engenheiros tentam minimizar os seus efeitos. Após terem introduzido os cintos de segurança, o próximo passo é assegurar que um carro ao sofrer um acidente desacelere o mais lentamente possível. A frente e a retaguarda, «zonas de possível amolgamento», são desenhadas de forma a absorver energia letal ao deformarem-se num choque. Para testar a segurança dos automóveis faz-se uma simulação.

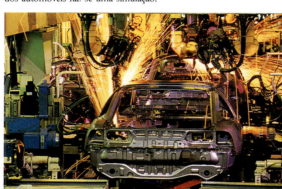

AUTOMÓVEIS MONTADOS POR *ROBOTS*

Os primeiros automóveis apresentavam uma pesada estrutura, o chassi. Nos finais dos anos 20 foi desenvolvida a carroçaria monobloco de aço. Pressionam-se painéis de aço para a forma desejada (pág. 11) e depois reúnem-se para formar uma caixa resistente e leve que suporta o motor, rodas e lugares. O trabalho repetitivo de soldagem das carroçarias dos carros é feito por *robots*. Os painéis a juntar são presos em conjunto enquanto se faz passar através deles uma elevada corrente eléctrica, fundindo as duas chapas de metal numa só.

AS EXIGÊNCIAS DO TRÁFEGO

Os automóveis dão-nos uma grande mobilidade e permitem uma deslocação rápida, superando todas as outras formas de transporte pela sua comodidade. Mas o seu sucesso pode também ser a sua ruína. A poluição e os acidentes tiram vidas, e a exigência crescente de estradas tem forçado os projectistas a destruir comunidades, atravessando-as com rodovias de várias faixas.

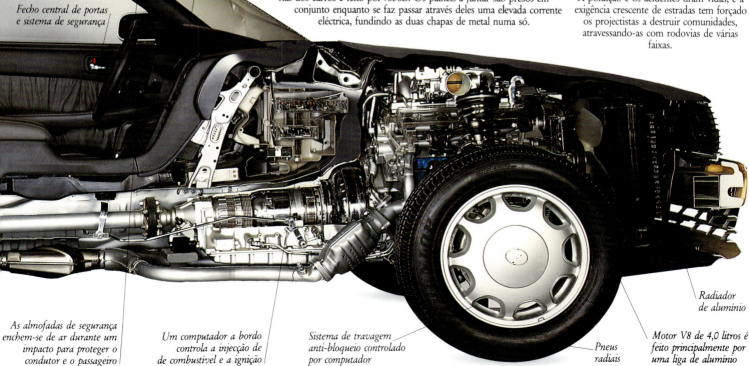

Tejadilho de vidro laminado

Janela eléctrica

Espelho retrovisor aquecido

Coluna da direcção

Tablier electrónico

Fecho central de portas e sistema de segurança

As almofadas de segurança enchem-se de ar durante um impacto para proteger o condutor e o passageiro

Um computador a bordo controla a injecção de combustível e a ignição

Sistema de travagem anti-bloqueio controlado por computador

Pneus radiais

Motor V8 de 4,0 litros é feito principalmente por uma liga de alumínio

Radiador de alumínio

Agricultura

AGRICULTURA NO SÉC. XIII
Esta ilustração medieval mostra como era a agricultura por volta do séc. XIII. Depois de arar, a semente era espalhada à mão — simplesmente dispersa no solo. As culturas eram ceifadas mais tarde com simples ferramentas manuais como a foice. Não existiam fertilizantes (adubos) — as terras tinha de ficar em pousio durante um ano em cada três, para readquirir a sua fertilidade.

QUANDO O HOMEM COMEÇOU a cultivar os campos, há cerca de 10 000 anos, isto constituiu na altura a sua maior tentativa de controlar o meio ambiente. Antes disso, ele apenas recolhia o que a Natureza providenciava. A agricultura seleccionou e racionalizou os elementos e, deste modo, libertou o Homem para outros trabalhos, incluindo o desenvolvimento de máquinas e métodos para melhorar a própria agricultura. A tecnologia agrícola desenvolveu-se lado a lado com a indústria. Depois do arado, sofreu poucas variações até ao séc. XVIII, quando os trabalhadores começaram a deixar a terra em troca de empregos nas novas fábricas (págs. 34-35). Progressos como a semeadeira e os fertilizantes tornaram possível dispensar trabalhadores e permitir campos de cultura mais extensos. Nalguns lugares conduziu a uma superprodução. Noutros países, contudo, estas mudanças não se efectuaram, e os agricultores dependem muitas vezes dos produtos excedentes de países mais ricos para sobreviver.

As pegas são usadas para guiar o arado

O solo é marcado com grandes lâminas para traçar a nova fileira de sulcos

Uma roda de grandes dimensões faz girar um tambor no interior da semeadeira, que empurra as sementes

A braçadeira dos arreios liga o arado ao cavalo ou ao boi

TRÊS ACÇÕES NUMA SÓ
O arado foi desenvolvido há cerca de 4000 anos e constitui um importante instrumento agrícola desde então. O seu trabalho consiste em desbravar a camada superficial do solo. Isto origina três coisas úteis: escava o restolho da última colheita; expõe o solo ao tempo para melhorar a sua textura; e enterra ervas daninhas para as matar. Os arados modernos, puxados por tractores, fazem vários sulcos ao mesmo tempo.

A sega faz o primeiro corte no solo

A aiveca revira a terra para formar um sulco

A relha desbrava o solo

Rebite

Cabo de madeira

Lâmina cortante

GADANHA
Os utensílios manuais não desapareceram completamente da agricultura. Esta gadanha manual, fabricada com uma chapa de aço endurecido e fixada com rebites à haste, é o descendente das primeiras ferramentas como a foice, que seria forjada numa peça por um ferreiro. A sua lâmina curva torna-a ideal para cortar sebes e executar outros pequenos trabalhos de corte.

EXPLORAÇÃO DE REBANHOS DE OVELHAS
As ovelhas e carneiros foram levados para a Austrália devido à sua lã. A lã era exportada para todo o mundo, mas a carne, de fácil deterioração, tinha de ser consumida no local. Isto conduziu a um excedente de carcaças, que eram queimadas ou fervidas para fazer sopa em fábricas como esta, de 1868. A tecnologia da refrigeração, desenvolvida no final do séc. XIX (pág. 46), permitiu o transporte da carne a grandes distâncias evitando desperdícios.

FABRICO DE CERVEJA E CRIAÇÃO
Os métodos agrícolas conduziram à moderna biotecnologia (págs. 60-61). O fabrico da cerveja recorre a microrganismos para converter o grão em cerveja, enquanto a criação de animais contribuiu para o estudo da genética.

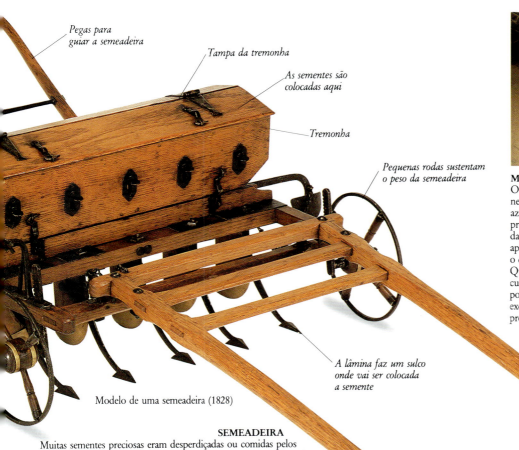

Pegas para guiar a semeadeira

Tampa da tremonha

As sementes são colocadas aqui

Tremonha

Pequenas rodas sustentam o peso da semeadeira

A lâmina faz um sulco onde vai ser colocada a semente

Modelo de uma semeadeira (1828)

Suporte para os arreios do cavalo

Varal

MONTANHA DE GRÃO
O sol, a chuva e o ar providenciam quase tudo o que a planta necessita para se desenvolver. Mas uma substância vital, o azoto, apesar de existir em abundância no ar, apenas pode provir do solo. A falta de azoto no solo limita o crescimento da maioria das culturas. No final do séc. XIX começaram a ser aplicados na terra produtos químicos que continham azoto, o que originou um crescimento espectacular das culturas. Quando usado com outras técnicas, como a pulverização das culturas para destruição das ervas daninhas, os fertilizantes podem conduzir a uma superprodução. Os produtos excedentes podem ser armazenados, como este grão, mas este processo é demasiado dispendioso.

SEMEADEIRA
Muitas sementes preciosas eram desperdiçadas ou comidas pelos pássaros quando eram lançadas à mão. A semeadeira, inventada pelo agricultor inglês Jethro Tull (1674-1741), em 1701, constituiu um grande progresso. Distribuía as sementes uniformemente, de modo que as plantas cresciam melhor e a monda era mais fácil; enterrava-as, evitando que fossem comidas pelos pássaros; e era muito mais rápida. As sementes nesta semeadeira de 1828 eram extraídas da tremonha de madeira por rolos conduzidos pela roda grande, assegurando uma distribuição uniforme a todas as velocidades.

CEIFA
A ceifeira-debulhadora foi desenvolvida nos Estados Unidos, onde as enormes pradarias precisavam de maquinaria desenvolvida para reunir o grão. É uma fábrica móvel, que apenas necessita de dois trabalhadores para executar o trabalho de ceifar e processar a colheita. As plantas são cortadas, a parte que contém o grão é separada do caule, e o grão debulhado, ou batido, para o separar do material indesejado, ou palha. O grão é lançado para um camião auxiliar, enquanto os caules são reunidos em fardos de palha, que podem ser descarregados e recolhidos mais tarde.

O elevador introduz o trigo no mecanismo

Os talos são separados das espigas

As espigas passam para a debulhadora

O grão é extraído

O tambor empurra o trigo para a lâmina cortadora

Lâmina cortadora

Palha

FUNCIONAMENTO DE UMA CEIFEIRA-DEBULHADORA
O tambor rotativo obriga as plantas a entrar na lâmina cortadora, subindo depois pelo mecanismo através de um elevador. Os caules são separados e empacotados em fardos de palha, enquanto as espigas passam para a debulhadora. Esta extrai o grão e deita fora a alimpadura. O grão final é bombeado para cima através de um tubo para depois ser colocado num camião. Os modelos avançados contêm tecnologia utilizada em satélites e informática, analisando a produção de cada campo.

Cheiro e paladar

O CHEIRO E O PALADAR CONSTITUEM A NOSSA PRIMEIRA linha de defesa contra o envenenamento e a doença. O cheiro também nos fornece informações acerca do meio ambiente e pode excitar fortemente os nossos sentidos, atraindo-nos ou repelindo-nos. Os sabores e aromas são agora grandes negócios, reproduzidos por processos químicos. Uma causa importante de odores desagradáveis é a comida estragada por bactérias, organismos microscópicos que vivem e se desenvolvem em quase toda a parte. A salgadura e a conservação em salmoura foram usados durante séculos para evitar o desenvolvimento de bactérias, mas modificavam o sabor da comida. Os métodos modernos como o enlatamento e o congelamento prolongam a duração dos alimentos e mantêm o seu sabor original.

CARGA REFRIGERADA
Em 1881 chegou a Inglaterra uma carga de carcaças de ovelhas vindas da Nova Zelândia. A carne encontrava-se em perfeitas condições. Foi mantida congelada por uma das primeiras instalações de refrigeração em barcos.

Os primeiros cereais comercializados para pequeno-almoço

HENRY PERKY (1843-1906)
Perky foi um advogado americano que sofria de indigestão crónica. Em 1892 inventou um processo para tornar uma qualidade de trigo mais fácil de digerir. Os grãos de trigo eram cozidos, desfibrados, moldados em biscoitos, e tostados, formando uma comida que se tornou conhecida pelo nome de *Shredded Wheat®*.

FABRICO DE QUEIJO FRESCO
O leite é composto por gorduras e glóbulos de proteínas suspensos em água. Eles podem ser misturados, obtendo-se uma coalhada sólida, de forma a que a parte aquosa, ou soro de leite, possa ser removida. Obtém-se assim o queijo. A coalhada forma-se quando o leite é acidificado por bactérias, ou quando é afectado pelo coalho, extraído do estômago dos vitelos. O queijo fresco tem um elevado teor de água e não pode ser guardado durante muito tempo.

Os coágulos são vertidos para a musselina

A musselina é um tecido com uma textura fechada e, portanto, ideal como peneira

1 FORMAÇÃO DA COALHADA
O leite é aquecido até uma temperatura de 30°C e é adicionada uma pequena quantidade de leite inicial contendo a bactéria adequada. A bactéria alimenta-se do açúcar natural do leite e transforma-se em ácido. Junta-se o coalho para acelerar a formação da coalhada. Finalmente, a coalhada e o soro de leite são vazados para a musselina, num coador.

2 SEPARAÇÃO DO SORO DE LEITE
A coalhada contém uma grande quantidade de soro de leite. Este passa através da musselina de modo que o queijo se torne mais sólido. A utilização de leite, mais ou menos gordo, muda ligeiramente a temperatura deste, e o uso de coalho animal ou vegetal tem um efeito no sabor e na textura do produto final. Os queijos macios e não curados podem ser convertidos num queijo de mesa ou utilizados na culinária.

O queijo é suspenso num local fresco

A coalhada é embrulhada com musselina

À medida que o soro de leite vai escoando, os coalhos vão engrossando e formando o queijo

3 ENVOLTO EM MUSSELINA
A musselina é dobrada de modo a formar uma espécie de saco. O soro de leite que vai escoando constitui um útil suplemento alimentar com que alguns produtores de queijo alimentam as suas vacas. Cerca de 80% do leite é água. Um queijo destinado a ser curado tem de ter uma quantidade de água muito pequena, pelo que esta é removida por pressão. Deixa-se o queijo em repouso durante várias semanas para desenvolver sabor. Os queijos macios como este não devem sofrer maturação ou cura.

Coador

Gotas de soro de leite

4 A FASE FINAL
A coalhada húmida neste saco de musselina é suspensa e deixada a gotejar durante várias horas, formando um produto final bastante mais seco. Está então pronto a ser transferido para pequenos recipientes, sendo vendidos sob o nome de queijo fresco ou queijo branco.

NICOLAS APPERT (1749-1841)
Appert foi um cozinheiro francês que desenvolveu uma forma de enlatamento de alimentos em 1824. Foi o primeiro processo a preservar a comida sem secar ou estragar o seu sabor com produtos químicos.

Refeição de queijo e massa

Pudim de chocolate

Cubos de pão

Sopa de tomate

COMIDA ESPACIAL
A alimentação no espaço é bastante difícil. Como não existe gravidade para conservar a comida no prato as gotas e migalhas flutuariam para sempre no espaço, de modo que todos os alimentos têm de estar empacotados. Como o peso deve ter o menor valor possível, os alimentos são desidratados, geralmente pelo método de secagem por congelação. É adicionada água, gerada pelo sistema eléctrico a bordo, para tornar a comida comestível. A secagem por congelação remove três quartos do seu peso. Os alimentos são congelados em primeiro lugar, depois o ar é retirado, criando-se vácuo. Sob estas condições a água existente na comida liberta-se sob a forma de vapor, sem passar pelo estado líquido. A baixa temperatura e a ausência de água líquida, durante a secagem, significa que os alimentos mantêm os seus nutrientes, sabor e textura.

MÁQUINA PARA O FABRICO DE MASSA
As bactérias não se podem multiplicar sem água, de modo que a secagem é um método efectivo de preservação da comida. A massa feita com farinha de trigo de elevado teor de proteínas foi inventada em Itália, provavelmente na Idade Média. O trigo origina uma farinha grosseira conhecida por sêmola, que é misturada com água e seca em seguida. Pode ser armazenada nesta forma, durante muitos anos, pronta a ser cozinhada com água a ferver quando for necessário. A massa pode também ser moldada em formas cheias com queijo, carne, ou vegetais e comidas frescas.

CAFÉ SECO POR CONGELAÇÃO
O café em grão instantâneo é feito através da secagem por congelação do líquido concentrado de uma infusão gigante de café.

Cheiro

O cheiro pode criar sensações agradáveis ou desagradáveis, trazer recordações e despertar sentimentos. Actualmente a tecnologia pode trabalhar de forma a influenciar este sentido tão poderoso. Os químicos estão aptos a produzir cheiros sintéticos para imitar a Natureza, e os instrumentos analisam e medem os cheiros, de forma a imitar os agradáveis e eliminar os desagradáveis.

AROMATERAPIA
Certos cheiros fazem-nos sentir bem, enquanto outros exercem em nós o efeito contrário. Os aromaterapeutas estudam os cheiros, e desenvolveram um sistema onde fazem corresponder os poderosos efeitos dos aromas naturais ao atenuamento de certos males físicos. Os óleos utilizados na aromaterapia são na sua maioria extraídos de ervas e flores.

Incenso — Jasmim — Rosa — Verdura de limão — Camomila

CROMATOGRAFIA GASOSA
As empresas que produzem alimentos e bebidas ainda confiam nos seus «narizes» — pessoas treinadas para testar os cheiros. Mas a localização de um problema ou a simulação de uma fragrância natural pode exigir o recurso à cromatografia gasosa, uma espécie de «nariz científico». Uma pequena gota da substância que está a ser testada é injectada numa corrente de gás que flui através de um longo tubo envolto em pó ou revestido com um líquido. Algumas partes do cheiro passam para o pó ou para o líquido mais depressa do que outras, de forma que um detector posicionado na extremidade mais afastada da máquina produz um único padrão, que o computador imprime para ser analisado pelo operador.

Hortelã-pimenta

AROMAS PUROS
Muitas substâncias aromáticas de cheiro intenso são óleos. Os cheiros como o da hortelã-pimenta e da hortelã provêm de óleos como os do género *Mentha*. Os cheiros e sabores mentolados estão associados a limpeza, pelo que as essências de hortelã sintética são utilizadas numa larga gama de produtos, desde pastas de dentes aos sistemas de ar condicionado dos supermercados.

Comunicação pessoal

A COMUNICAÇÃO É UMA DAS NOSSAS MAIORES capacidades. No entanto, sem a tecnologia, teria permanecido limitada. A fala apenas alcança uma pequena distância e a memória é traiçoeira. A invenção da escrita, há cerca de 6000 anos, permitiu que as mensagens fossem enviadas a grandes distâncias e armazenadas para sempre. No séc. xv a impressão trouxe benefícios a um público maior. Mas foi a aplicação da electricidade à comunicação no séc. xix que revolucionou a velocidade das nossas vidas, diminuindo o tempo requerido para enviar mensagens — de semanas a segundos —, e eventualmente permitindo às pessoas comunicar de continente para continente. O desenvolvimento foi rápido e contínuo. Hoje, é-nos difícil acreditar que há 60 anos não existia televisão e havia apenas um pequeno número de linhas telefónicas internacionais.

ESCRIBA MEDIEVAL
Até cerca de 1455, ano em que o alemão Johannes Gutenberg (1400--1468) aperfeiçoou um meio para imprimir livros, a única forma de reproduzir um livro era escrevê-lo à mão, o que era feito geralmente pelos monges.

COMUNICAÇÃO NATURAL
As plantas dão um simples sinal visual para assegurar a sua sobrevivência. As suas formas e cor atraem os insectos, os quais por sua vez vão polinizar outras flores.

Pena de ganso cortada na extremidade

A PENA DE ESCREVER
Antes do aparecimento dos aparos de caneta escrevia-se com penas de ave. As melhores eram as das asas grandes dos gansos. A pena era enfeitada e a extremidade do cálamo, ou cano, era cortada com um canivete, para se obter uma forma pontiaguda. Alternativamente, podia ser usado um instrumento cortante especialmente concebido para conseguir a forma pretendida com um único movimento. Uma ranhura na ponta do cálamo transmite a tinta para o papel, enquanto o canal inteiro retém uma quantidade de tinta suficiente para escrever algumas palavras.

Foi usado um canivete para se obter a extremidade pontiaguda

Cabo da caneta de madeira

A CANETA DE APARO
Os aparos de caneta eram vulgares no final do séc. xix, devido ao baixo custo do aço. Foi muito difícil obter a suavidade da pena de ganso, e foram experimentados vários tipos de aparos. Uma pequena cavidade no aparo contém por vezes uma reserva de tinta, substituindo o orifício do cálamo, mas o actual bico das canetas é apenas uma cópia da pena de ave que foi usada durante séculos. Os aparos de aço não se gastavam e, como tal, o canivete cedo perdeu o seu propósito original.

O aparo de aço não se gasta

Ponta de fibra

A CANETA DE PONTA DE FELTRO
A caneta com ponta de feltro teve a sua origem no Japão durante os anos 60. Baseia-se nos pincéis de escrita usados no Oriente durante séculos, e recorre aos plásticos modernos para converter este instrumento tradicional num utensílio independente. A tinta é retida em fibras de *nylon* que alimentam o bico por capilaridade — a tinta é atraída para as fibras apertadas e flui através dos espaços existentes entre elas. Foram concebidos vários tipos de canetas adaptados a diferentes tintas e bicos.

A tinta está armazenada num cartucho de fibras

À ESPERA DA TECNOLOGIA
Muitas vezes uma boa ideia tem de esperar um longo período de tempo pela tecnologia que a concretizará. O princípio básico de um *fax* (abreviatura para fac-símile, uma cópia perfeita) foi desenvolvido pelo inventor escocês Alexander Bain (1810-1877) em 1843, mas sem a electrónica (págs. 54-55) não chegava a ser útil. Foi a micropastilha (o *chip*) que permitiu finalmente pôr em prática a ideia de Bain. O moderno *fax* utiliza um computador numa pastilha para converter imagens em códigos inteligentes, que podem ser enviados rapidamente e com segurança, através de linhas telefónicas comuns.

É enviado um fax através de uma linha telefónica vulgar

Os caracteres japoneses são difíceis de escrever. O fax resolve este problema

Rede mundial

O sonho da comunicação oral à distância foi concretizado pelo professor escocês Alexander Graham Bell (1847-1922) em 1876, com a invenção do telefone – o americano Elisha Gray (1835-1901) tentou registar uma patente semelhante duas horas depois. Os Laboratórios Bell desenvolveram o telefone móvel em 1979, e hoje em dia é possível telefonar da rua para um amigo que se encontra num outro continente. A rede que torna isto possível depende de computadores, os quais também podem trocar imagens e dados de todos os géneros. Um computador e uma linha telefónica podem actualmente ter acesso a sistemas como a Internet, uma rede formada por várias redes, que se tornará num ponto de encontro e fonte de informação para todo o mundo. As redes comerciais podem fornecer informações sobre serviços financeiros, médicos, lazer, vendas e ensino à distância.

PRIMEIRAS COMUNICAÇÕES TELEFÓNICAS
A tecnologia precisa de mais tecnologia. Se o empresário Almon B. Strowger (1839-1902) não tivesse inventado a troca ou permuta automática em 1889, o aumento crescente do custo das ligações telefónicas teriam provavelmente estrangulado o sistema. Era necessário um operador para fazer a ligação de cada chamada, colocando um fio em cada painel de distribuição. As primeiras permutadoras automáticas eram enormes monstros mecânicos e ruidosas, mas actualmente este trabalho é feito silenciosamente por computadores. No entanto, são ainda necessárias pessoas para resolver os problemas que as máquinas não conseguem.

Auscultador
A antena envia e recebe os sinais de rádio
Teclado como o de um telefone vulgar
O telefone cabe todo na mão
O écran digital, para apresentação visual de dados, indica a fase atingida pela comunicação
O microfone dobra-se quando não está a ser usado

TELEFONE MÓVEL
Há vinte anos um pequeno aparelho de comunicação seria considerado ficção científica. Hoje em dia é bastante vulgar. Surgiu como resultado de várias tecnologias: plásticos (págs. 26-27), técnicas de rádio aperfeiçoadas, melhores baterias, computadores e, sobretudo, a criação da micropastilha (pág. 54). Um conjunto de estações de rádio de baixa potência liga o telefone móvel a um computador da rede, que acompanha o trajecto do telefone e, portanto, a sua localização em cada instante, estabelecendo as ligações pretendidas. Para evitar interferências, as estações de rádio vizinhas usam diferentes frequências, mas o telefone encontra-se apto a mudar instantaneamente de uma frequência para outra, mantendo em contacto contínuo os interlocutores.

O documento a enviar entra aqui
Papel sensível ao calor armazenado para receber mensagens

CONFERÊNCIA POR VÍDEO
A ideia de um aparelho que nos possibilita ver e ouvir uma pessoa que se encontra a grande distância de nós, é quase tão antiga como a do telefone. Mas, tal como o *fax*, necessita de computadores e micropastilhas para funcionar. O problema reside no facto das imagens conterem uma grande quantidade de informação, muita dela de pouca utilidade, o que as torna bastante dispendiosas para serem enviadas por fios. Actualmente os computadores podem comprimir as imagens para uma transmissão mais barata, permitindo às pessoas conferenciar com outras que se encontram a grandes distâncias — conferência por vídeo — em vez de se encontrarem face a face. A ligação experimental aqui representada na fotografia será brevemente acessível em todo o mundo.

Utilização da cor

O SENTIDO HUMANO DA COR pode ter sido desenvolvido porque ajudava os nossos antepassados mais remotos a colher a fruta madura. A cor pode também fazer-nos sentir alegres ou tristes, e influencia a nossa decisão quando escolhemos entre produtos competitivos, de modo que os *designers* e os fabricantes têm em atenção a cor dos seus artigos. A tecnologia tem aqui um grande papel. Actualmente as anilinas de melhor qualidade originam roupas de cores mais perfeitas, que não se desvanecem, enquanto novos pigmentos conferem tonalidades mais puras e fortes a automóveis e cosméticos. Hoje em dia a cor pode ser determinada com bastante rigor, substituindo julgamentos acerca das cores, de forma que os produtos permaneçam iguais de lote para lote. Estas medidas padrão (págs. 30-31) permitem que componentes feitos em diferentes pontos do globo combinem entre si quando reunidos. Agora, que a electrónica e os computadores podem criar bonitas tonalidades em telas, revistas e cartazes, espalhados por todo o mundo, o nosso conhecimento da cor é maior do que nunca.

ANTIGA TINTURARIA
Até 1856 quando William Perkin (1838-1907) fez acidentalmente a primeira anilina sintética, a roupa era colorida com anilinas extraídas de plantas e animais. Actualmente, ainda se tinge o tecido de algodão com o corante vegetal azul-índigo. Muitas anilinas naturais foram substituídas por outras sintéticas feitas de carvão ou óleo, que são mais baratas, mais fáceis de manusear e não desbotam.

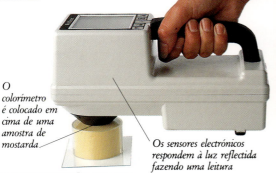

HARMONIZAÇÃO DE COR
Os consumidores sabem quais as cores dos produtos alimentares. O mais pequeno desvio da cor esperada levará os possíveis consumidores a comprar outros produtos. Isto é um problema para os fabricantes, pois os produtos feitos de ingredientes naturais variam de cor de lote para lote. A cor dos produtos é controlada misturando ingredientes de diferentes fontes. Fazendo leituras de cada lote num colorímetro calibrado de grande precisão, os tecnólogos alimentares podem sempre assegurar uma cor constante.

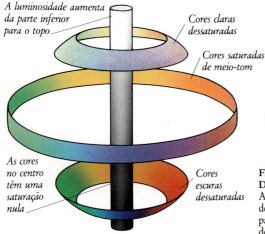

ESCALA DE COR TRIDIMENSIONAL
As cores podem ser classificadas pela tonalidade, saturação e luminosidade. A tonalidade corresponde à posição no espectro (pág. 58). A saturação refere-se à força e a luminosidade descreve a cor como ela é vista numa imagem a preto e branco. Uma esfera tridimensional mostra como as cores se encontram relacionadas.

FIXAÇÃO DOS PADRÕES
As cores não podem ser descritas de uma forma precisa em palavras. Os sistemas de harmonização de cores permitem aos projectistas escolher as cores e depois dar aos pintores ou outros fornecedores um número de referência ou amostra que lhes indica exactamente o que é requerido. O espectro de cores disponíveis envolve um número limitado de pigmentos básicos em diferentes proporções para dar uma larga gama de cores Os sistemas de harmonização são usados em todo o mundo para fornecer padrões práticos de impressão, embalagem e *design* dos produtos.

Negro de fuligem

Verde de Verona extraído da terra

Amarelo ocre extraído da terra

Vermelho ocre extraído da terra

Azul ultramarino extraído da pedra lápis-lazúli

Azul egípcio contendo silício, cobre e cálcio

CORES NATURAIS

As anilinas e os pigmentos conferem cor, mas de diferentes formas. As anilinas podem-se dissolver num líquido e ligam-se a um material como moléculas separadas. Os pigmentos, como as antigas cores que aqui se mostram, são simplesmente pequenos fragmentos de uma substância colorida que podem aderir a superfícies na forma de tinta, ou misturados em plásticos para os corar em toda a extensão (pág. 26). Alguns pigmentos são obtidos por trituração de rochas e são portanto permanentes.

CORES ACRÍLICAS

As tintas acrílicas consistem em pequenas gotas de plástico acrílico (págs. 26-27) suspensas em água com pigmentos. Podem ser diluídas com água. Quando esta evapora, as gotas juntam-se para formar um revestimento à prova de água.

Vermelho acrílico

Amarelo acrílico

UM REVESTIMENTO PROTECTOR

As tintas de óleo foram desenvolvidas no séc. XV. Eram originalmente feitas de óleo de linhaça, da planta do linho, fervida e diluída com terebintina. O óleo de linhaça reage com o oxigénio do ar para formar uma cobertura resistente. As tintas modernas são feitas de resinas sintéticas derivadas do petróleo. A cor da tinta provém de milhões de pequeníssimas partículas de pigmentos, cada uma das quais absorve algumas cores e reflecte outras. As tintas de óleo não são apenas decorativas; nesta corrente de ferro a tinta é necessária para proteger o metal do ar e da água e, portanto, da ferrugem.

A fórmula no cartão mostra como misturar as cores

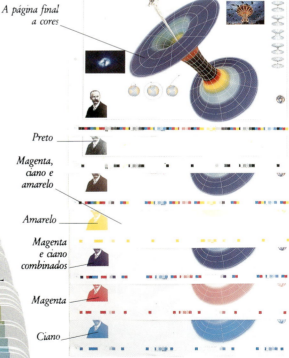

A página final a cores

Preto

Magenta, ciano e amarelo

Amarelo

Magenta e ciano combinados

Magenta

Ciano

SEPARAÇÃO DAS CORES

As figuras monocrómicas são impressas com tinta preta, a qual absorve a luz branca. Além do preto, as figuras a cores são impressas com tintas ciano, magenta e amarelo, porque estas absorvem respectivamente o vermelho, verde e azul. As chapas de impressão são feitas a partir da análise das figuras por meio de luz, registando as quantidades de preto, vermelho, amarelo e azul.

Concepção e projecto

Os INVENTORES DESCOBREM UM NOVO princípio e depois procuram os problemas que poderão eventualmente ser resolvidos por ele. Os projectistas (*designers*) partem de um problema e tentam encontrar soluções para ele baseadas em princípios preestabelecidos. Existe uma fronteira ténue entre a invenção e o projecto: muitos projectistas inventam novos produtos, enquanto outros que se dizem inventores apenas reciclam ideias. Os projectistas de engenharia usam técnicas científicas para construírem pontes, automóveis ou computadores. Os projectistas industriais concentram-se na elegância dos edifícios, comodidade e utilidade. Os *designers* de moda usam o seu talento e conhecimento de mercado para fabricarem produtos, que terão uma vida breve mas intensa. A maioria dos *designers* trabalham em equipa: cada membro especializa-se num aspecto diferente do trabalho, para atingir o melhor resultado.

COZINHA DO SÉCULO XIX
Um bom projecto reflecte as exigências da época. Actualmente projectam-se cozinhas mais pequenas e mais funcionais, para famílias sem criados.

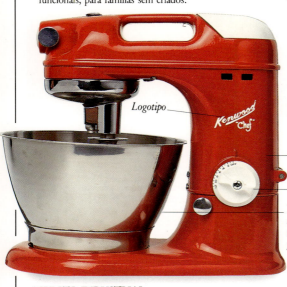

ASPECTO INDUSTRIAL
A maquinaria alimentar passou da fábrica para as cozinhas domésticas nos anos 40, nos Estados Unidos da América, e nos anos 50 na Europa. Esta batedeira dos anos 50 revela a sua origem industrial pela estrutura de ferro fundido e aço inoxidável, e nos botões de controle. As únicas adaptações ao uso doméstico são o tamanho, a pintura e o logotipo pomposo. Algumas pessoas preferem aparelhos domésticos de aspecto industrial pela sua construção robusta.

MISTURADOR MODERNO
Nos anos 50 o *designer* industrial era chamado apenas para dar um certo estilo a um produto que já havia sido concebido. Isto conduzia a produtos pouco atraentes e dispendiosos. Nos anos 60 os *designers* adquiriram mais conhecimentos de engenharia, e os engenheiros passaram a preocupar-se com a forma como as pessoas viam e usavam os produtos. Esta associação melhorou o aspecto dos produtos de todos os tipos produzidos em série.
Esta batedeira, feita em 1992 pela mesma empresa representada na figura acima, apresenta uma estrutura de uma liga fundida em molde sob pressão (págs. 16-17).
É de utilização e limpeza mais fáceis e seguras, e tem um motor de maior potência com controle electrónico de velocidade.

JOHN SMEATON (1724-1792)
O engenheiro britânico John Smeaton foi talvez o primeiro *designer* profissional. Produziu com muito sucesso um *design* de um farol, com a forma de uma árvore.

Edifício tradicional do séc. XIX

EDIFÍCIO REALTY, CHICAGO
Quando começou a ficar disponível aço para edifícios altos, os arquitectos e engenheiros americanos encontraram aqui a solução para alojar mais pessoas numa pequena área. Mas o projectista deste edifício de 1898, reconhecendo que as pessoas estavam habituadas a paredes de pedra, cobriu a estrutura de aço com um revestimento ornamentado. Os edifícios do Movimento Moderno, dos anos 30, foram os primeiros em que a estrutura ficava à vista.

Estrutura de aço

MODELO ARQUITECTÓNICO
Muitos *designers* trabalham com sistemas complexos. Os arquitectos e projectistas urbanísticos têm por vezes a tarefa quase impossível de estudar a forma como as pessoas irão viver num meio totalmente novo. Modelos como este são concebidos para levar os conceitos do projectista a um cliente. A vida em sociedade é imprevisível e geralmente são necessários muitos anos de experiências para chegar ao projecto correcto.

Vista panorâmica
Edifícios do hospital

Modelo de um complexo hospitalar

TESTE DO TÚNEL DE VENTO
Hoje em dia os clientes preferem automóveis mais velozes, mas também esperam um menor consumo de combustível. Deste modo, o comportamento aerodinâmico — a resistência do ar ao avanço do automóvel que o atravessa — tornou-se importante. Pode verificar-se o aerodinamismo de um automóvel por meio de um ventilador de fumo. Se no trajecto do ar aparecer um desvio, as linhas podem ter de mudar.

TESTE DE UM JACTO
Um motor é complexo e possui uma elevada potência, de forma que para testar um novo *design* directamente do papel, são feitas adaptações elaboradas. Existe sempre a possibilidade de surgir um efeito inesperado — os engenheiros aprendem a todo o momento. O motor da fotografia é testado ao ar livre, de forma a que os níveis de ruído possam ser medidos por uma bateria de microfones. Os sinais de rádio (radiometria) transmitem mensagens para um computador. Isto fornecerá numerosos dados de velocidade, temperatura, ruído e vibração, que auxiliam os engenheiros a descobrir eventuais falhas e a fazer correcções.

Motor

PROJECTO ASSISTIDO POR COMPUTADOR
Hoje em dia é impossível imaginar a realização de projectos sem computadores. Os engenheiros de há 30 anos faziam os seus cálculos sem terem sequer o auxílio de uma calculadora. Muitos problemas não se resolviam porque os cálculos matemáticos necessários levariam demasiado tempo. Os projectistas de engenharia usam actualmente poderosas estações de trabalho onde visualizam as suas criações a cores e a três dimensões. A simples verificação de que todas as partes se ajustarão, conduz a uma grande economia de tempo. Para problemas verdadeiramente difíceis, como o desenho das formas ideais para o fluxo de fluidos, o computador é indispensável. Uma vez terminado o projecto do produto as especificações vão para a oficina para manufacturação (pág. 55), via computador.

Diagrama bidimensional que mostra as ligações numa rede

Modelo tridimensional de uma montagem complexa que mostra a forma como se ajustam as peças

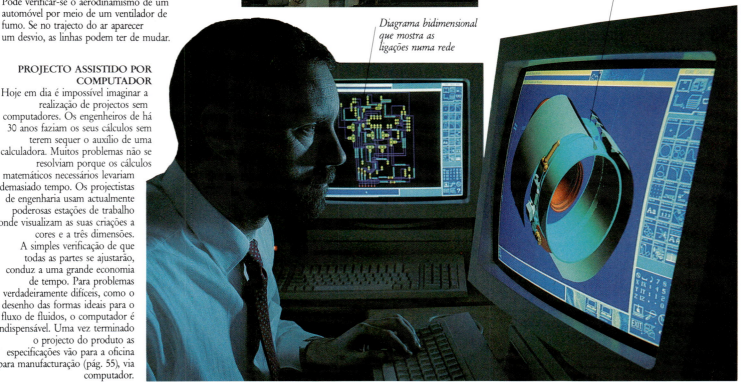

Electrónica e informática

A ELECTRÓNICA É UMA TECNOLOGIA RELATIVAMENTE NOVA. Os transístores, componentes chave das micropastilhas, foram inventados em 1947. As micropastilhas, que tornam possível a moderna tecnologia electrónica, apareceram apenas em 1962. A chave da electrónica é a forma como ela usa a electricidade para controlar mais electricidade. Um comutador electrónico, ao contrário de um interruptor de luz, pode ser operado por um outro comutador electrónico. Assim, estas enormes montagens de comutadores — transístores — podem ser contruídas num único colector e realizar complexas sequências de operações que transformam uma forma de energia numa outra. O desenvolvimento da electrónica baseia-se muitas vezes em si própria, como no caso de computadores que desenham outros computadores mais aperfeiçoados. Actualmente os computadores realizam milhares de operações, inimagináveis há 50 anos.

ALTERAÇÃO DO SILÍCIO
As pastilhas electrónicas são feitas por adição de impurezas ao silício puro, alterando-o engenhosamente para produzir modelos microscópicos que controlam o fluxo de electricidade. Aqui, um engenheiro controla a câmara de vácuo utilizada no processo de produção.

Tubo de vidro com as partes metálicas no vácuo

AS PRIMEIRAS VÁLVULAS
Em 1904 descobriu-se que pequenas partículas chamadas electrões, libertadas por fios a elevada temperatura, que se propagavam através do vácuo, podiam ser usadas num circuito eléctrico. Em 1906 o americano Lee De Forest encontrou uma forma para controlar esses electrões electricamente, criando o primeiro dispositivo electrónico, a válvula.

Válvula dos anos 50

Peça de metal para libertação de calor

O TRANSÍSTOR
Tal como as válvulas, os transístores trabalham controlando os electrões, mas estas partículas movem-se através de um sólido, e não através do vácuo, não necessitando de calor para se libertarem. Isto torna-os mais baratos e pequenos. Transístores individuais como este são usados para controlar aparelhos como os motores. Como os transístores são obtidos por modificação de apenas um material, o silício, uma única pastilha pode conter cerca de um milhar de transístores.

Fios de ligação

MICROPASTILHA AMPLIADA
A micropastilha transformou a electrónica numa força que pode mudar o mundo. A primeira pastilha experimental de silício foi feita em 1958. As primeiras pastilhas comerciais continham apenas algumas dúzias de transístores — actualmente podem conter cerca de um milhão.

O braço move-se para uma pista para recuperar a informação aqui armazenada

A cabeça de leitura/escrita é controlada pela informação armazenada no próprio disco

Mecanismo selector da pista

UNIDADE DO DISCO
A memória torna os computadores muito úteis. Sem ela, a informação e instruções teriam de ser passadas à mão, reduzindo o processo à velocidade humana.
Os computadores têm memórias electrónicas rápidas para armazenar aquilo em que estamos a trabalhar. Uma memória mais lenta, como este disco magnético de um computador pessoal, é mais apropriado para outros dados: é mais barato e não perde a memória quando a energia é desligada. Quando o computador precisa de algo do disco, pode encontrá-lo numa fracção de segundo.

Disco rígido revestido com material magnético

SIMULAÇÃO POR COMPUTADOR

Actualmente os computadores constituem uma ferramenta essencial para todos os tipos de projectos (págs. 52-53). Os projectistas de tecnologia avançada dispõem de quantidades maciças de potência computorizada. Os computadores centrais — máquinas muito mais rápidas e com uma memória muito maior do que a de um vulgar computador pessoal — podem agora converter a matemática em figuras como esta, a uma velocidade surpreendente. Para produzir a imagem do fluxo de ar em torno de um veículo espacial a entrar na atmosfera, o computador efectua cálculos que teriam levado quase toda a vida de um projectista sem este tipo de auxílio. Com esta ferramenta, um projecto pode ser modificado repetidamente até se obter o requerido.

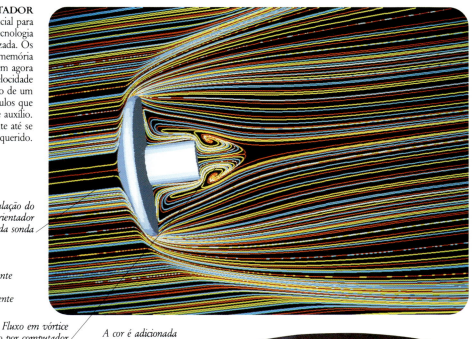

A broca corta o plástico

Simulação do bordo orientador da sonda

O programa de computador garante que o projecto é seguido exactamente

Fluxo em vórtice obtido por computador

A cor é adicionada electronicamente na Terra

Desperdício

A imagem tridimensional é criada por um computador que trabalha com a informação digitalizada enviada pela sonda

PROJECTO ASSISTIDO POR COMPUTADOR

Os projectistas gastavam dias em desenhos e cálculos, após os quais o mecânico cortava o metal. Hoje em dia os projectistas vêem o seu trabalho tomar forma numa máquina de cortar controlada por computador, que corta formas tridimensionais de plástico sólido.

IO, UM DOS SATÉLITES DE JÚPITER

Sem os computadores electrónicos, os cálculos necessários para os voos espaciais seriam impossíveis, e sem as imagens e comunicações electrónicas não valeria de nada enviar sondas espaciais para o espaço. Os computadores a bordo orientam a sonda para capturar numerosas imagens à medida que ela se move em torno do planeta. Estas imagens são convertidas em código e enviadas por rádio para a Terra. Aí, os computadores aumentam as imagens e reúnem-nas no mosaico final, dando aos cientistas uma visão mais detalhada do planeta em estudo. Esta imagem de Io, um satélite de Júpiter, foi obtida pela sonda espacial *Voyager* em 1979.

NOTÍCIAS POR VIA ELECTRÓNICA

A electrónica mudou a nossa visão do mundo. As notícias por via electrónica começaram nos anos 70 com o desenvolvimento de câmaras de televisão e gravadores de vídeo de menores dimensões e mais leves. São transmitidas directamente perturbadoras imagens de guerra. A fotografia dá-nos uma imagem da guerra no Líbano, nos anos 80.

Os vulcões lançam chamas de material sulforoso

A tecnologia na medicina

HOWARD FLOREY (1898-1968)
Florey foi um patologista australiano que em 1939 isolou o primeiro antibiótico puro, a penicilina, do bolor. Um antibiótico é uma substância que mata microrganismos sem prejudicar o organismo humano.

Antes do desenvolvimento da ciência moderna e da medicina, as pessoas aceitavam a morte e a doença como coisas normais. Mas gradualmente, começaram a acreditar que o corpo era apenas uma máquina complicada, que tinha de ser reparada como qualquer outra. A tecnologia moderna apoia esta aproximação. A tecnologia pode ser assustadora, e algumas vezes ofensiva, mas é mais suave do que os métodos brutais de há 150 anos. Alguns dos maiores progressos encontram-se nas máquinas de diagnóstico que ajudam os médicos a detectar anomalias, e no equipamento melhorado para cirurgia, que mantém os pacientes vivos enquanto ela decorre. Actualmente pode-se ver o interior do organismo sem cortar a pele, fazer operações sem deixar cicatrizes, ou ainda substituir órgãos inteiros, como os rins ou o coração.

SERRA ROMANA
Os ossos dos seres vivos são duros e rijos. Para os cortar é necessária uma serra afiada. Este instrumento cirúrgico romano, com cerca de 2000 anos, terá sido usado para cortar osso em amputações. As operações eram conduzidas sem nenhuma higiene.

Aqui encontrava-se ligada uma pega de madeira

AMPUTAÇÃO
Este cirurgião do séc. XVIII provavelmente lavou as suas mãos apenas depois de serrar o antebraço do paciente. Mesmo se o paciente sobrevivesse à operação, podia não resistir às bactérias existentes no quarto. Os anestésicos para reduzir a dor foram introduzidos por volta de 1850, e os anti-sépticos para destruir as bactérias só foram utilizados mais tarde.

SANGUESSUGA
Durante séculos acreditou-se que as febres eram causadas por um excesso de sangue no corpo. A cura óbvia era retirar algum dele, e a tecnologia mais disponível era a sanguessuga, um animal da família da minhoca que vive na água. O único alimento da sanguessuga é o sangue. Ela morde com minúsculos dentes, e agarra-se com ventosas, enquanto substâncias químicas existentes na sua saliva fazem com que o sangue flua livremente. A saliva contém um anestésico, razão pela qual muitas vezes a mordedura não é notada. Os médicos deixaram de recorrer a sanguessugas há cerca de 60 anos, mas agora estão outra vez a favor da reintrodução deste método como uma fonte de substâncias químicas que restauram o fluxo sanguíneo após a cirurgia e param a coagulação do sangue.

Ventosa da frente
Dentes
Glândula salivar
Sangue armazenado
Intestino
Aparelho digestivo da sanguessuga
Ventosa posterior

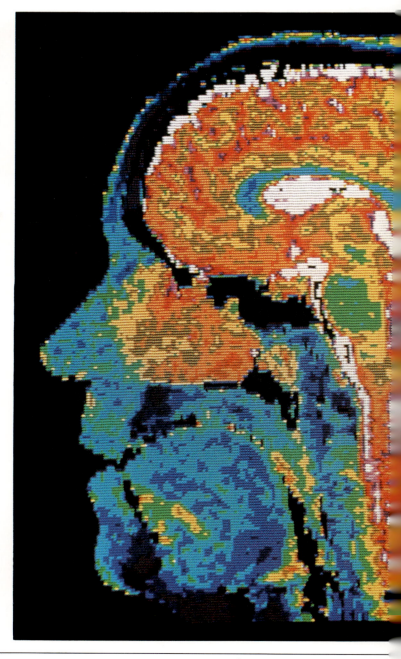

FUNCIONAMENTO DE UM APARELHO DE RAIOS X

Os raios X foram descobertos pelo físico alemão Wilhelm Roentgen (1845-1923) em 1895, causando uma grande sensação na época. Pela primeira vez os médicos podiam ver o interior do corpo humano sem sequer lhe tocarem. A fotografia de raios X (à direita) é feita através da fusão de sombras numa película fotográfica. Os ossos e os metais aparecem com uma cor clara porque não são atravessados pelos raios. Os raios X são também usados nos tratamentos de cancro.

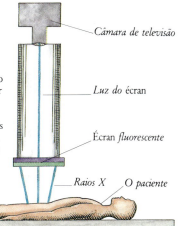

Câmara de televisão
Luz do écran
Écran fluorescente
Raios X *O paciente*

Os electrões são disparados em direcção ao alvo
O alvo gira para evitar que os electrões o sobreaqueçam
Tubo de raios X

FIXAÇÃO RÁPIDA

Os ossos humanos partidos podem ser reparados quase tão depressa como os automóveis que sofreram acidentes. O osso é normalmente um composto rijo natural (págs. 28-29), mas nas pessoas idosas torna-se quebradiço. Quando isto acontece, uma queda pode criar uma tensão no osso, suficientemente forte para originar uma ruptura. Esta imagem obtida por raios X mostra o resultado de uma operação que uniu outra vez o osso. Para juntar os fragmentos usa-se um metal como o titânio ou aço inoxidável.

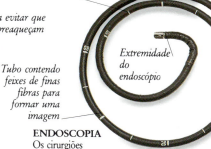

As marcas mostram a profundidade que o endoscópio atingiu no interior do corpo

Extremidade do endoscópio

Tubo que contém fibras grosseiras para iluminação

Tubo contendo feixes de finas fibras para formar uma imagem

ENDOSCOPIA

Os cirurgiões precisam frequentemente de uma visão mais detalhada do corpo do que a fornecida pelos raios X ou pelos *scanners* (aparelho de raios electrónicos para exames minuciosos). O endoscópio desafia as leis da óptica curvando a luz em ângulos para obter uma fotografia nítida. Utiliza um feixe de fibras de vidro, cada uma formando um único ponto da imagem.

A fonte luminosa é ligada aqui
Mecanismo de controle
Ocular

GODFREY HOUNSFIELD (1919-)
Este engenheiro electrotécnico britânico enviou raios X através do corpo, a partir de muitas direcções, para um detector electrónico e depois recorreu a um computador para desenhar uma parte do corpo. Chamou a este método tomografia axial computorizada ou TAC.

FERTILIZAÇÃO IN VITRO

A tecnologia pode por vezes ajudar casais a ter filhos. Em casos convenientes, pode-se injectar esperma directamente no óvulo humano, sem seguir a via normal. O óvulo é então colocado no útero da mulher. Se sobreviver, crescerá dando origem a um bebé.

Esperma injectado por uma agulha
O tubo de vidro mantém os óvulos em repouso

Uma pequeníssima câmara num laparoscópio dá uma imagem que guia um laser cortador

EXAME CEREBRAL

Os raios X são actualmente complementados por imagens obtidas pelo *scanner* de ressonância magnética nuclear (RMN), desenvolvido nos finais dos anos 70. O seu funcionamento deve-se ao facto de os átomos num campo magnético forte se movimentarem a uma velocidade próxima da frequência de uma onda de rádio. Ao sintonizar a onda, os átomos movem-se ao mesmo tempo que ela, absorvendo energia. Quando a onda é desligada, a energia é libertada outra vez, permitindo a concentração de átomos, a qual vai ser medida. Variando o campo magnético e a onda de rádio, e introduzindo todas as medidas num computador, todos os tecidos delicados podem ser revelados em detalhe. As cores são originadas por computador.

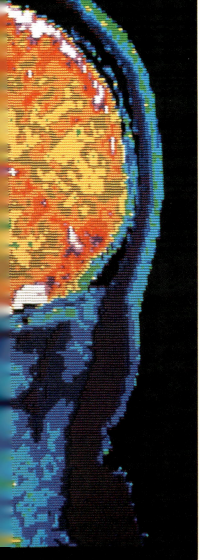

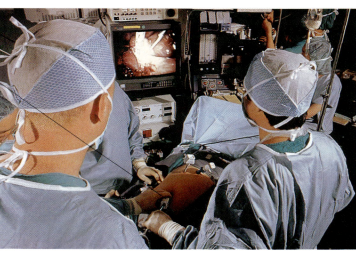

CIRURGIA SEM MARCAS

Muitas vezes é requerida a pequena cirurgia no interior do corpo, mas alcançar o local do problema provoca muitos danos, causando dor e retardando a recuperação. Actualmente as câmaras de televisão e os *lasers* ajudam os cirurgiões a operar através de pequenas aberturas que cicatrizam rapidamente.

Utilidades

NEM TODA A TECNOLOGIA CONSTITUI uma resposta às necessidades. Muitas vezes, cientistas ou engenheiros descobrem ou criam coisas que aparentemente não têm utilidade, mas desenvolvem-nas para ver o que pode acontecer. O *laser* foi criado a partir de ideias que inicialmente foram lançadas em 1917 e em 1960 foi desenvolvido em instrumento de trabalho, em parte para demonstrar que as teorias sobre os átomos estavam correctas. Mas em dez anos este brinquedo científico encontrou dezenas de aplicações. Algumas delas, como os hologramas, esperavam pela luz *laser* para funcionarem. Outras, como a cirurgia *laser*, eram totalmente novas. A descoberta da radiação infravermelha, no século XIX, pelo cientista britânico William Herschel (1738-1822) conduziu a uma história semelhante. A radiação infravermelha é hoje em dia muito utilizada, revelando a perda de calor ou reproduzindo a música dos CD.

CÓPIA DOS CARTÕES DE CRÉDITO
Quase tudo o que se encontra impresso em relevo pode ser copiado, mas copiar um holograma requer um equipamento dispendioso... e a pessoa que posou para a fotografia.

ISAAC NEWTON (1643-1727)
Newton estudou a luz e concluiu que era constituída por partículas minúsculas que se movimentavam no espaço. Esta ideia não foi bem aceite, mas no início do séc. XX as partículas da luz — os fotões — tornaram-se a base do pensamento que conduziu ao *laser*.

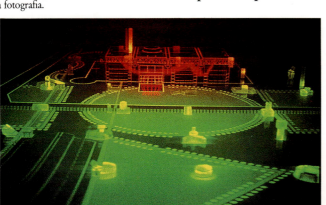

CENTRO CIENTÍFICO NA LA VILETTE, PARIS
A luz é constituída por ondas que se movem no espaço. Quando as ondas não são perfeitamente regulares vê-se uma imagem. Um holograma capta as ondas provenientes do objecto e a onda de referência. O observador apercebe-se de perspectivas diferentes do objecto — a imagem tridimensional — como neste modelo arquitectónico.

Símbolo internacional de raios laser

Tubo laser *cheio de hélio e néon*

O tubo exterior forma um reservatório para substituir os gases perdidos

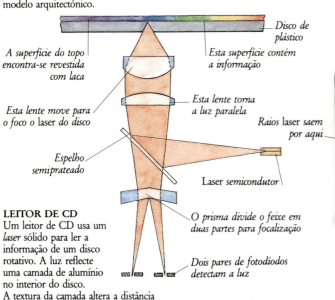

- Disco de plástico
- A superfície do topo encontra-se revestida com laca
- Esta superfície contém a informação
- Esta lente move para o foco o laser do disco
- Esta lente torna a luz paralela
- Espelho semiprateado
- Raios laser saem por aqui
- Laser semicondutor
- O prisma divide o feixe em duas partes para focalização
- Dois pares de fotodíodos detectam a luz

LEITOR DE CD
Um leitor de CD usa um *laser* sólido para ler a informação de um disco rotativo. A luz reflecte uma camada de alumínio no interior do disco. A textura da camada altera a distância percorrida pela luz, provocando uma variação na luminosidade da radiação reflectida. A luz é detectada por quatro fotodíodos (dispositivos electrónicos sensíveis à luz) e é convertida em música. O leitor mantém o *laser* no foco e na pista, ajustando a cabeça de leitura até que cada um dos fotodíodos veja a mesma quantidade de luz.

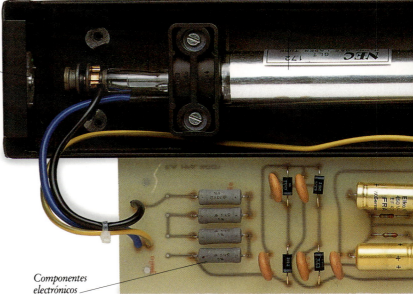

Componentes electrónicos

Imagem obtida por computador de uma nota quase perfeita

O computador mostra o efeito desastroso da má qualidade dos materiais

As áreas frias aparecem azuis

TESTANDO O SOM DE UM ALTIFALANTE
A luz pura ajuda a produzir um som puro quando um *laser* verifica a realização de um novo *design* de altifalante. Se o altifalante produzir vibrações, em vez de apenas seguir as vibrações da música, não reproduzirá o som realisticamente. Um *laser* pode varrer a superfície de um altifalante em funcionamento para verificar se aparecem ondulações indesejadas. Para o fazer, varia-se rapidamente o brilho do *laser* à medida que ele anda de um lado para o outro, e de cima para baixo, para iluminar o movimento da superfície do altifalante. Pela forma como varia o brilho da luz reflectida, a electrónica pode determinar a velocidade e a direcção em que se move cada ponto da superfície. As impressões das medidas obtidas por computador, como se vê aqui na figura, ajudam o engenheiro acústico a descobrir a causa de qualquer problema — neste caso uma escolha pobre de materiais para o altifalante.

CASA DE INFRAVERMELHOS
A radiação emitida por objectos frios tem um comprimento de onda muito maior do que o da luz, e como tal é invisível. À medida que a temperatura sobe, o comprimento de onda diminui até que aparece eventualmente uma incandescência vermelha — o objecto aqueceu ao rubro. Mas muito antes deste ponto ser alcançado, a radiação de infravermelhos (infra significa «abaixo de» em latim) está a ser produzida. Assim, uma câmara que consiga detectar a radiação infravermelha fornece uma forma de fotografar a temperatura das coisas que estão razoavelmente frias. O azul das paredes de uma casa, nesta imagem de infravermelhos, mostra que elas se encontram frias, mas a coloração vermelha das janelas indica que estão tão quentes como o ar no seu interior — um sinal seguro de que há perdas de energia.

As áreas muito quentes aparecem a amarelo

As áreas quentes aparecem a vermelho

O prisma de vidro curva as diferentes cores em diferentes quantidades

Raios infravermelhos invisíveis

Raios de luz branca

Vermelho

Violeta

O QUE É A RADIAÇÃO INFRAVERMELHA?
Um prisma de vidro produz um espectro por separação das diferentes ondas que constituem a luz. Em 1800 William Herschel, ao estudar a radiação solar, colocou um termómetro na zona vermelha do seu espectro. A temperatura subiu, mostrando que a energia invisível estava a ser absorvida por ele. Herschel denominou os raios invisíveis por radiação «infravermelha».

CIRURGIA *LASER* AOS OUVIDOS
As partes funcionais do ouvido estão enterradas profundamente no crânio e protegidas por um osso sólido. Quando existe algum problema, os cirurgiões têm de decidir se operam, com risco de danos, ou não operam e o paciente fica com uma deficiência. A tecnologia não consegue resolver todos os problemas, mas este *laser* de árgon fornece uma alternativa ao bisturi. A luz azul altamente energética é emitida para o ouvido, onde o cirurgião, vendo os seus efeitos por um microscópio, pode queimar tumores ou reconstituir pequenos ossos.

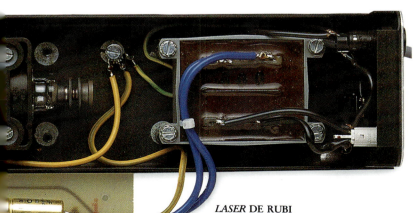

LASER DE RUBI
O primeiro *laser* foi construído em 1960 pelo físico americano Theodore Maiman (nascido em 1927). A sua luz provém de uma vara de rubi. Este *laser* usa um tubo que contém hélio e néon, sendo portanto muito mais barato. Quando a corrente eléctrica passa através de um gás como o néon, os seus átomos absorvem energia, e ficam excitados. Se for atingido por um fotão com a energia certa, um átomo excitado emitirá um fotão exactamente semelhante. Ao chocarem com os espelhos, os fotões atingem outros átomos, o que provoca a emissão de outros fotões, e assim por diante, até que um fluxo de fotões idênticos — radiação *laser* — flui através de um espelho semiprateado numa das extremidades do tubo.

Tecnologia e natureza

A TECNOLOGIA USOU PEQUENOS ORGANISMOS microscópicos durante milhares de anos. A fermentação e a cozedura utilizam fermentos, organismos unicelulares que podem viver e multiplicar-se em líquidos açucarados. As bactérias podem desenvolver-se no leite, transformando-o em queijo. Todavia, a moderna biotecnologia vai muito mais além destas técnicas tradicionais. Os bolores desenvolvem-se para produzir antibióticos (pág. 56) e podem também ser armazenados como fonte de proteínas. Um importante desenvolvimento foi a compreensão do mecanismo da vida, o qual se baseia no DNA, uma única molécula orgânica que se pode reproduzir e controlar a produção de proteínas. A engenharia genética consegue modificar o DNA de um organismo para fazê-lo comportar-se de forma diferente. É uma nova tecnologia, que ainda se encontra numa fase inicial.

UMA TECNOLOGIA PRIMITIVA
A fermentação constitui um método de preservação de sumos e de outros extractos açucarados das plantas. Foi praticado durante milhares de anos. Utiliza fermentos, manchas microscópicas de vida que podem respirar em soluções de açúcares e transformá-los em álcool e dióxido de carbono gasoso. O gás torna o líquido efervescente, enquanto o álcool mata o fermento e quaisquer outros organismos que tentem desenvolver-se no líquido.

BOLOR NUTRITIVO
A maioria das pessoas comem uma gama limitada de alimentos. Por exemplo, os insectos, apesar de nutritivos, não são geralmente utilizados na alimentação. A ideia de comer bolores choca muita gente, mas este produto saboroso, conhecido por *quorn*, pode ser cozinhado por métodos convencionais, como a fritura, e constitui uma excelente fonte de proteínas sem gorduras. É fabricado a partir do desenvolvimento de bolores em grandes fermentadores. Depois de se extrair água da mistura fermentada, a comida que fica é comprimida em blocos fáceis de manusear.

FABRICO DE QUEIJO DE CABRA
Existem centenas de tipos de queijo (pág. 46) produzidos quando o leite das vacas, cabras ou ovelhas é atacado por organismos invisíveis denominados bactérias. Várias espécies de bactérias, algumas inofensivas, podem participar no fabrico do queijo. A bactéria alimenta o açúcar do leite, transformando-o em ácido e originando a formação de coalhada (pág. 46). Cada bactéria dá o seu sabor especial ao queijo que origina.

A coalhada do leite de cabra é colocada em recipientes chamados cinchos

Tradicionais cinchos para o queijo de cabra

Queijo fresco

O líquido da coalhada escorre

BOLOR PROTECTOR
Muito do sabor dos queijos tradicionais provém também de bolores. O queijo preparado recentemente é aberto para ser atacado por bactérias indesejáveis, mas nas condições certas os esporos dos bolores (o bolor equivalente das sementes) estabelecem-se em queijos maturados e crescem, matando as bactérias e formando uma crosta protectora deliciosa.

O queijo após sete dias, com a crosta de bolor em formação

O queijo maturado tem uma camada exterior de bolor que o protege

OBSERVANDO OS GENES
O DNA contém o código químico que transmite a vida de uma geração à seguinte. Um gene é uma secção do código que controla uma única característica. Cada gene é constituído por bases que formam uma cadeia com uma determinada sequência. Todas as formas vivas são constituídas pelos diferentes arranjos das mesmas quatro bases, tal como diferentes livros são escritos usando o mesmo alfabeto. Os genes podem agora ser vistos como arranjos de linhas numa folha. Os cientistas estudam a forma como diferentes organismos se encontram relacionados, comparando os seus genes.

BATÉRIA CURATIVA
A insulina é um mensageiro químico que controla o armazenamento de açúcares no nosso corpo. É fabricada no pâncreas, uma glândula que fica por baixo do estômago, e foi descoberta pelos cientistas canadianos Frederick Banting (1891-1941) e Charles Best (1899-1978) em 1921. As pessoas que não conseguem produzir uma grande quantidade de insulina têm muita glucose no sangue após as refeições, o que prejudica o corpo.
Uma quantidade suplementar de insulina resolve o problema. Costumava obter-se de suínos, mas as bactérias podem agora produzir insulina introduzindo genes humanos no seu próprio DNA. Crescendo num fermentador, a bactéria fornece quantidades do agente vital.

Cultura *in vitro*

Apesar dos engenheiros genéticos poderem identificar os genes e manuseá-los, não podem ainda fabricá-los. É a natureza que fornece a matéria-prima para a biotecnologia. Mas à medida que o mundo natural vai sendo destruído por outras actividades humanas, muitas organizações estão actualmente a construir bancos de genes, onde as características de plantas e animais únicos são preservadas para quando os seus portadores se encontrarem extintos. As sementes são uma forma óbvia de armazenagem de genes, mas as plantas vivas constituem um meio mais seguro. As sementes de orquídeas ameaçadas de extinção podem crescer *in vitro* (designação latina de «no vidro»).

RECONHECIMENTO DA SEMENTE
Ao contrário das outras plantas, as sementes das orquídeas não têm um suplemento alimentar já elaborado. Na Natureza, o pequeno embrião de orquídea no interior de cada semente não pode crescer sem a ajuda de um fungo particular para fornecer nutrientes suplementares. Para assegurar a sobrevivência dos genes destas espécies em perigo de extinção, recorre-se a técnicas que fornecem ou substituem os fungos. Uma ampliação de cerca de 1000 vezes ajuda a identificar as sementes.

Orquídea em fase de crescimento

Grãos de farinha de aveia para alimentar a planta

Geleia enriquecida com açúcares, sais, vitaminas e carvão vegetal

CRESCIMENTO EM GELEIA
Quando as plantas ficam maiores podem ser transferidas para jarros. Após alguns meses as orquídeas estão suficientemente desenvolvidas para serem colocadas em vasos e manuseadas pelos métodos tradicionais de jardinagem. Cada uma dos milhões de células na planta madura conterá uma cópia dos genes originais do embrião, aumentando grandemente as hipóteses de sobrevivência.

SEMENTES DE ORQUÍDEA
Sementes estéreis e secas são colocadas num prato de geleia, contendo aveia como alimento. As orquídeas «bebés» não conseguem usar a comida sem ajuda, de modo que são colocadas no prato fungos, ou um substituto artificial. As sementes são mantidas na escuridão até germinarem. Se forem usados fungos existe o perigo de matar as pequeníssimas plantas, e assim têm de ser transferidas para um prato fresco. Após vários meses as plantas crescerão até ao tamanho aqui mostrado na figura.

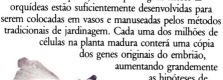

Fotografia das células do pâncreas que produzem insulina obtida por um microscópio electrónico

As cores são produzidas electronicamente

Uma célula que produz outra hormona, glucagon

As flores azuis produzem sementes minúsculas

Uma célula no pâncreas que produz insulina

A PLANTA FINAL
Esta bonita orquídea azul, *Vanda caerulea*, desenvolve-se apenas nos países tropicais como os do Sudeste da Ásia, onde a sua sobrevivência está ameaçada. Por meio da cultura *in vitro*, a semente quase invisível é transformada numa bela planta que vive para transmitir a sua única herança genética às gerações futuras.

Um olhar para o futuro

MÁQUINAS DE GUERRA
A ficção científica nunca reconheceu limites para as inovações. Esta cena do filme *Máquinas de Guerra* (1992) antecipa um futuro no qual o corpo humano é meramente um componente de uma máquina.

Durante muito tempo, a tecnologia superou simples necessidades de formas simples. Mas nos últimos 200 anos, com a emergência dos motores térmicos alimentados a carvão e petróleo (págs. 36-37), a tecnologia tornou-se uma força dominante. Para muita gente, as novas máquinas e métodos trouxeram felicidade e realização. Outros viram o seu modo de vida destruído. No futuro, a tecnologia pode não conseguir manter esta velocidade actual de desenvolvimento, com o seu efeito destrutivo no mundo natural e a sua dependência da energia dos combustíveis, não renovável. Os governos começaram a preocupar-se com o problema, enquanto os engenheiros e cientistas realizam estudos e experiências em tecnologias mais seguras e menos poluentes. A pesquisa de novas fontes de energia tem agora novas prioridades, que incluem a reciclagem de vários materiais, e a procura de tecnologias mais apropriadas para os países pobres. A tecnologia pode ajudar a atenuar os problemas, mas as pessoas terão de mudar as suas expectativas. A aptidão do Homem para vergar o Mundo à sua vontade pode piorar as condições de vida em vez de as melhorar.

Os veios e as pás são moldadas numa peça única

TURBOCOMPRESSOR CERÂMICO
Esta é uma parte de um turbocompressor de um carro, um dispositivo que torna o motor mais potente. O novo componente é feito de cerâmica, um dos materiais mais antigos (pág. 8). Têm sido feitos esforços para reduzir a fragilidade da cerâmica de forma a poder ser usada no fabrico de motores de automóveis mais eficientes.

Pás curvas que giram sob a acção de gases de escape quentes

Reciclagem de materiais

A extracção de metais requer energia. O papel provém das árvores, que crescem lentamente. A água resulta de um fornecimento fixo de chuva. Os plásticos e os combustíveis são obtidos a partir do petróleo, o qual não pode ser renovado. Por reciclagem estes materiais podem ser usados sem muito consumo dos recursos naturais. Por exemplo, obter alumínio de latas usadas, requer muito menos energia do que extraí-lo do seu minério.

Transformado em latas e cheios
Abre-se e bebe-se
As latas usadas são deixadas nos pontos de reciclagem

CICLO DO ALUMÍNIO
As latas são recolhidas por intermediários que as esmagam, formando fardos, os quais são vendidos à instalação de reciclagem. Aí o metal é retalhado em pequenas peças e a pintura é removida com ar quente. Algum do calor provém da combustão dos gases libertados pela tinta fundida. Depois de passar por um separador magnético para remover o aço, o metal é lançado para uma piscina de alumínio fundido num forno. Depois das impurezas terem sido escumadas, a substância fundida é vazada para um molde gigante. Quando arrefecida, encontra-se pronta a ser enrolada, formando uma folha de alumínio usada em latas.

Enrolado em folhas
As latas são esmagadas, formando fardos
Alumínio fundido e moldado

TANQUES DESPOLUENTES
As pessoas criam desperdícios e estes causam poluição se não forem tratados convenientemente. Esta instalação recorre a bolhas de ar para acelerar a decomposição química natural dos desperdícios humanos por microrganismos. As bactérias adicionadas ao lixo consomem os sólidos indesejáveis, deixando uma escuma que assenta no fundo. A água remanescente regressa limpa ao rio.

PROCESSO RACIONAL
O problema dos produtos de consumo reciclados como latas, roupas ou jornais, é o facto de requererem energia para reunirem os produtos, após terem sido distribuídos. Um contentor de latas tem pouco valor se as pessoas tiverem de percorrer uma grande distância para entregar apenas algumas latas: provavelmente gastarão mais combustível do que aquele que será necessário para fabricá-las a partir das matérias-primas. O segredo da reciclagem reside no facto de permitir aos consumidores depositar os produtos num ponto central, a caminho das actividades diárias, de forma a não precisarem de gastar combustível. Cada um destes fardos contém milhares de latas obtidas desta forma.

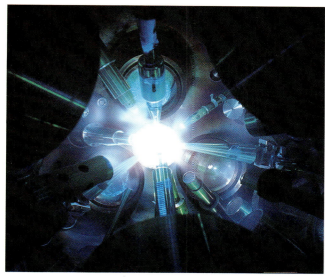

ENERGIA DO HIDROGÉNIO
Os cientistas têm tentado durante anos controlar a energia da bomba atómica. Se isto puder ser feito, estará disponível uma quantidade de energia quase ilimitada a partir da água, que contém os tipos necessários de átomos de hidrogénio «pesados», deutério e trítio. Aqui uma bola gelada destes materiais está a ser atingida com dois biliões de quilowatts de potência *laser*, que a aquecem instantaneamente, elevando a sua temperatura a 100 milhões °C, na esperança de fundir o núcleo atómico e libertar energia para consumo humano.

APROVEITAMENTO DO VENTO
A nossa única fonte inesgotável de energia é o Sol. Alguma da energia solar, ao aquecer a atmosfera de uma forma irregular, criando diferenças de pressão do ar, converte-se em energia eólica (energia do ar em movimento). Esta pode ser convertida em energia eléctrica em terrenos com dispositivos que permitem aproveitar a energia do vento. As turbinas existentes nestes terrenos são modernas versões dos moinhos de vento, usados durante séculos antes da descoberta da electricidade. A força do vento não provoca nenhuma poluição química, mas as turbinas são ruidosas e podem mudar o aspecto da paisagem.
É necessário uma grande área de terreno de aproveitamento da energia eólica para gerar uma pequena quantidade de electricidade. Se fossem utilizados todos os locais adequados dos Estados Unidos, eles gerariam apenas dez por cento das exigências correntes. Uma solução para este problema consiste num menor consumo de energia.

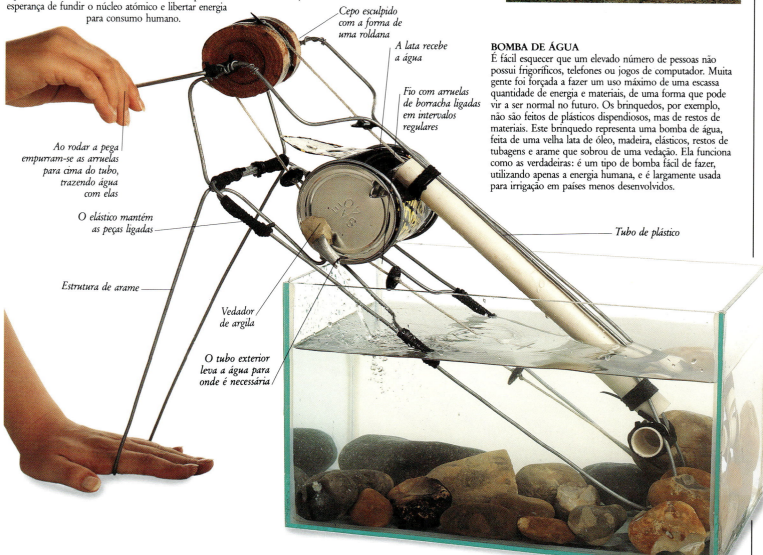

Cepo esculpido com a forma de uma roldana

A lata recebe a água

Fio com arruelas de borracha ligadas em intervalos regulares

Ao rodar a pega empurram-se as arruelas para cima do tubo, trazendo água com elas

O elástico mantém as peças ligadas

Estrutura de arame

Vedador de argila

O tubo exterior leva a água para onde é necessária

Tubo de plástico

BOMBA DE ÁGUA
É fácil esquecer que um elevado número de pessoas não possui frigoríficos, telefones ou jogos de computador. Muita gente foi forçada a fazer um uso máximo de uma escassa quantidade de energia e materiais, de uma forma que pode vir a ser normal no futuro. Os brinquedos, por exemplo, não são feitos de plásticos dispendiosos, mas de restos de materiais. Este brinquedo representa uma bomba de água, feita de uma velha lata de óleo, madeira, elásticos, restos de tubagens e arame que sobrou de uma vedação. Ela funciona como as verdadeiras: é um tipo de bomba fácil de fazer, utilizando apenas a energia humana, e é largamente usada para irrigação em países menos desenvolvidos.

Índice

A
aceleradores 18
aço 11, 12-13, 15, 17
  cabos 22, 23
  carroçaria de automóveis 43
  construção de estruturas 23, 53
  gadanha 44
  inoxidável 15, 23, 42, 52
  ligas 10, 14
  navalhas de barbear 39
acrílico, 27, 29
  tintas 51
agricultura 7, 44-45
água 62
  fornecimento 6, 22
  potência 34-35, 63
alavancas 32
altifalante 59
alumínio 12,13,15
  fundição em molde 52
  latas 14, 62
  liga 43
anestésico 56
anilinas 50-51
antibiótico 56, 60
Appert, Nicolas 47
arcos 21, 22
areia
  fabrico do vidro 8-9
  fundição 16
argila 6, 8, 16
árgon 41, 59
Arkwright, Richard 35
aromaterapia 47
aspirador de vácuo 40
átomos 9, 12, 15, 17
  energia 59, 63
  forças 20, 21
automóveis 11, 30, 42-43, 53, 62
avião, 6-7, 33, 37

B
Baekeland, Leo 27
baterias 49
Bell, Alexander Graham 49
Best, Charles 60
betão 21, 22-23, 24
Bich, barão Marcel 39
bicicleta 21, 29, 33
biocombustíveis 7
biotecnologia 44, 60-61
Biro, Ladislao 39
Blériot, Louis 6
Boardman, Chris 29
borracha 27, 39
Brinell, Johann August 13
bronze 14, 16, 30

C
came 33, 36
canetas 48
  esferográfica 39
carbono
  aço 12-14
  fibras 28-29
  filamentos 41
cartões de crédito 58
cartografia 31
ceifeira-debulhadora 45
cerâmica 6, 8, 34, 62
chumaceira 33
chumbo 12
cobre, 12, 14, 30
  arame 17
cola 9, 18, 25
colorímetro 50
Colt, Samuel 39
combustão interna 36, 42
comida 46-47, 50
  carne 44, 46
  cereais 46
  cozedura 9, 60
  misturador 52
compressão 20-21, 25, 28
computadores 12, 45, 54-55
  imagens 9
  projecto 6, 15, 38, 53, 55
  rede 49
comunicação 48-49
comutador 33
condutores 17
conversor catalítico 42
consumo de combustível 53
couro 7
cristais 12, 15
cromatografia gasosa 47
crómio 7, 14, 15
cronómetro 31

DE
da Vinci, Leonardo 6
De Forest, Lee 54
detergentes 40
discos compactos 26, 58
DNA 60
edifícios 22-23, 53
Edison, Thomas 41
electrónica 32, 42, 54-55
endoscópio 57
energia do hidrogénio 63
espectro 50, 59
estanho 12, 14
  placa 11
estruturas 21, 22-23

F
fábricas 34-35
fabrico de arame 17
fabrico de queijo 46, 60
fax 48-49
fermentação 44, 60
ferro 12, 13
  fundição 16-17
  liga 14
fiação 34-35
fibra de vidro 29
filme 14, 26-27
Florey, Howard 56
forças 10, 12, 20-21, 22, 32
Ford, Henry 34, 42
forno 8, 16, 34, 62
  sopragem 13
fotodíodos 58
fotões 58-59
fundição 14, 16-17, 52
fusão 12-13

GH
Galilei, Galileu 24
genética 44, 60-61
geradores 35, 36
gravação 26
Gillette, King 39
Gutenberg, Johannes 48
Herschel, William 58, 59
hidráulica 33, 39
hologramas 58
Houndsfield, Godfrey 57

IL
iluminação artificial 12, 41, 43
impressão 48, 51
insulina 60
lâminas de barbear 39
laroscópio 57
latão 10, 30
latas 14, 62
  aço 10, 14
  alumínio, 43
  enlatamento 46-47
  ligas 14-15
licra 7

M
madeira 24-25, 62
máquinas voadoras 6-7
Marx, Karl 34
materiais compostos 28-29
mecanismos 32-33
medicina 56-57
medida 30-31
  cor 50
  dureza 13
metais 6, 11, 12-17
  gramofone 26
  juntas 15
  lâminas 24, 39
  reciclagem 62
micrómetro 31
micropastilhas 49, 54
Miguel Ângelo 23
minérios 12, 14
molas 33
moldação de materiais
  argila 8-9
  madeira 24-25
  metal 16-17
  moldes 11, 13
  plásticos 26-27
  vidro 8
motores a jacto 7, 14, 15, 36-37, 53
motores a vapor 6, 34, 36, 42
motor de quatro tempos 36
mudanças 21, 32-33, 34
  automáticas 42

NO
navegação 30-31
Newcomen, Thomas 36
Newton, Isaac 58
nylon 7, 28
ouro 12, 30

P
padrões 30, 50
papel 24
  reciclagem 62
Parkes, Alexander 26
pastilhas de silício 54
pedra
  arcos 21, 22
  machado 10
Perkin, William 50
petróleo 18, 41, 51
pigmentos 50-51
plásticos 7, 26-27, 28-29, 38
polímeros 26-27
poluição 43
pontes 20, 22-23
produção em série 34, 38-39
projectista 6, 15, 43, 52-53, 55
proteína 9

R
radiação 59
  infravermelha 7, 58-59
rádio 49
radioterapia 57
raios *laser* 58-59, 63
  cirurgia 57, 58, 59
  corte 26, 35
  inspecção 23
  medida 30
raios X 57
rebites 14, 18, 19
reciclagem 14, 62
refrigeração 44, 46
resina 26, 29, 51
Revolução Industrial 34
Roentgen, Wilhelm 57
Rogers, Richard 23
roldanas 32-33

S
satélites 30, 31, 45
scanners 57
secagem por congelação 46, 47
semeadeira 44-45

Newton, Isaac 58
nylon 7, 28
ouro 12, 30

sílex 10
sistema de esgotos 40, 62
Smeaton, John 53
soldagem 18, 19, 43
sondas espaciais 55
Stephenson, George 36

T
teares 34
técnicas *in vitro* 57, 61
tecnologia da cor 50-51
telefones 48-49
telescópio 30
televisão 48
  câmara 55, 57
tensão 13, 20-21, 25, 28
teodolito 31
termoplásticos 26-27
tesouras 10-11
tijolos 20-22
tintas 9, 51
titânio 12, 14, 15, 57
torno mecânico 10-11
transístores 54
triangulação 31
tungsténio 12, 41
turbinas 36, 37
turbocompressor 62

U
utensílios domésticos 40-41, 52

VWZ
válvulas 36, 54
vapor de mercúrio 41
velas 41
vento 63
vias férreas 12, 36, 37, 42
  carris 17, 23
vídeo 49, 55
vidro 8-9
  edifícios 23
  fibras 57
  laminados 29
  vime e argamassa 28
volante 36
Wedgwood, Josiah 34
Whitney, Eli 38
Whittle, Frank 37
zinco 12

Agradecimentos

Os editores agradecem a colaboração de: Lexus (GB) Ltd; Pantone, Inc., 590 Commerce Blvd., Carlstadt, NJ 07072-3098 USA, PANTONE® (marca registada); The Ironbridge Gorge Museum Trust; Charlie Westhead de Neals Yard Creamery; Phil Hill e Terry Bennett de Readyweld Plastics Ltd; Brian Patrick e Andrew Rastall de Rolls-Royce plc, Derby; Peter Dickinson e Catherine Smith de Kristol Limited, Stalybridge, Cheshire; Alcan International; Dynamic-Ceramics; Julian Wright de Celestion International Ltd; John Tawn de Deplynn Engineering pelas instalações; Peter Griffiths pelos modelos; Jack Challoner pelos conselhos; Frances Halpin pela assistência aos materiais; Neville Graham, Natalie Hennequin, e Gary Madison pela concepção do livro; Anthony Wilson pela revisão literária; Douglas Garland de R.B.R. Armour Ltd; Dr Michael Fay do Kew Gardens; Fran Riccini do Science Museum, Wroughton; Peter Skilton do Kirkaldy Testing Museum, Southwark; Naine Woodrow e Tom Hughes de North Street Potters, London SW4.

Ilustrações John Woodcock, Janos Marffy, Nick Hall, Philip Argent, e Eugene Fleury
Fotografia Peter Anderson, Peter Chadwick, Andy Crawford, Philip Dowell, David Exton, Philip Gatward, Christi Graham, Peter Hayman, Chas Howson, Colin Keates, Dave King, David Murray, Mike Nicholls, Tim Ridley, Susanna Price.
Índice Jane Parker

Créditos fotográficos:
c=em cima; b=em baixo; m=ao meio; d=à direita; e=à esquerda
Alcan International 14e, 14b, 62bd. All Sport 7ce. Arcaid 53cd. British Library 50ce. British Museum 8ce, 12cd, 14ce, 24m. Bruce Coleman 61bd. e.t. Archive 34md, 35be, 44ce, 44bdc. Mary Evans Picture Library 34cd, 39me, 47cd, 53cm. Ronald Grant Archive 62ce. Robert Harding Picture Library 7cd, 9cd, 10be, 11m 17cd, 24me. Hulton Deutsch 29ce, 34be, 42me, 53ce, 56m. Illustrated London News 40me. Image Select 6me, 36ce, 44be, 46cd. Mansell Collection 16me, 38ce, 58cd. Microscopix 18ce. M.I.R.A. 43cd, 53me, NASA 55bd. Richard Olivier 49bd. Robert Opie Collection 39m. Popperphoto cover, 37bd, 39be, 57me. Q.A. Photos 21cd. Range/Bettmann 46md. Rex Features 28ce, 43md, 44cd, 55be. Rolls-Royce plc Derby 3be, 4bd, 7be, 15be, 15me, 15md, 53m, 53b, 53m, 53be. Scala 21ce, 34bd. Science Photo Library 7bd, 13cd,/Astrid e Hans Frieder Micheler 14cm & 15cm/Ben Johnson 16md,/Dr Jeremy Burgess 27bd,/Simon Fraser 31ce,/Philippe Plailly 35bd,/George Haling 43m,/James King Holmes 47me,/Geoff Lane 47be,/Malcolm Feilding 54ce,/John Walsh 54md,/Ross Ressemeyer 55cd, 56ce,/Martin Dohru 56be, 56-57, 57cd,/Hank Morgan 57m,/Geoff Tompkinson 57bd,/Phillippe Plailly 58me,/Alexander Tsiaras 59bd,/James King Holmes 60md,/Sechi-Lecaque 61be,/John Walsh 62m,/Hank Morgan 62md,/Roger Rossemeyer 63ce/Martin Bond 63ce. Zefa cover m, 17bd, 21m, 37ce, 44be, 51cd, 55me, 59cm.

Os objectos abaixo pertencem aos seguintes museus:
University of Archaeology de Anthropology, Cambridge 14ce. British Museum, Londres 8ce, 12ce, 12me, 16ce, 24md, 35e, 39cd, 56me. Design Museum, Londres 29cd, 32/33m, 40d, 41ce, 43ce, 49me, 52b, 52me. Ironbridge Gorge Museum, Sshropshire 12md, 13ce, 13cm, 13md, 12md, 16b, 17b. Kew Gardens, Londres 61ce, 61m, 61md. Kirkaldy Testing Museum, Londres 12bd, 13be, 20b, 21b. Museum of London 12ce. Natural History Museum, Londres 10ce, 26ce. Pitt Rivers Museum, Oxford 12be. Science Museum, Londres 9bm, 9md, 9be, 22/23b, 27md, 27me, 28/29mb, 29me, 30c, 30m, 30b, 31m, 321m, 34m, 35cd, 40bm, 41m, 42/43b, 44m, 45me, 47cd, 47cmd, 54me, 54m, 57md.

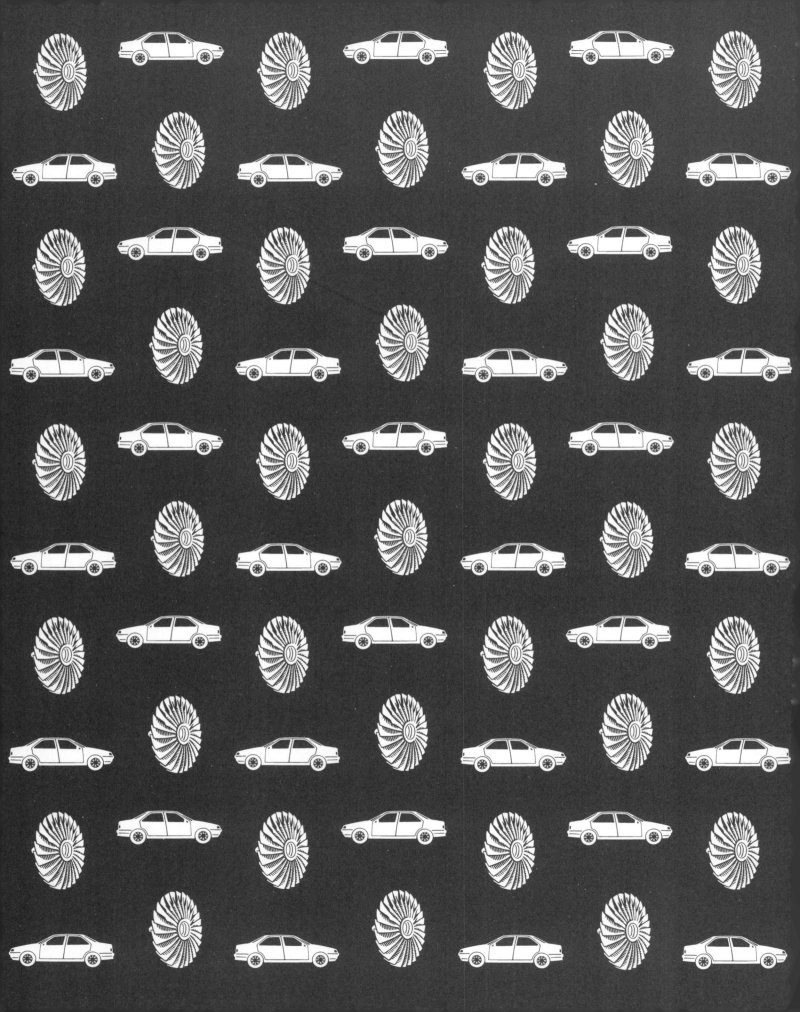